設計 一門好生意

自己動手，Step-by-step畫出未來新商機

DESIGN A BETTER BUSINESS

New Tools, Skills and Mindset for Strategy and Innovation

執筆——Patrick van der Pijl, Justin Lokitz & Lisa Kay Solomon
設計——Erik van der Pluijm & Maarten van Lieshout
翻譯——尤傳莉

» 推薦序

有理想的反叛分子

林志垚Steve Lin／Business Models Inc方略管理顧問執行長

關於創新這檔事，你會發現那些真正成功創新、成功為企業帶來全新改變的人，必然是有反叛精神的人，是有理想的反叛分子。那麼，要如何培養組織裡的「反叛分子」、要如何帶領團隊創新呢？

2015年底，同事們決定再接再厲，透過《獲利世代》備受歡迎的創作方式，為不同型態組織中有理想的反叛分子，寫一本關於創新設計的新書，並且計畫用100天寫完。2016年初，我們分別蒐集了全球客戶案例之後，作者群閉關三個月寫作。剛開始，我們真的好像《射鵰英雄傳》中被囚禁的「老頑童」周伯通，沒有人陪伴練拳，只能自己左手打右手，用不同心法招式互鬥。

後來，作者們決定出關，去見各地的客戶與意見領袖，驗證內容與架構，了解他們的看法與回饋。也因為如此，這本書在過程中，兩度砍掉重練，實際產生的內容量，是你手中這本定稿的四倍之多。經過反覆測試驗證，我們所發展出來的架構非常理想，英文版上市後也得到很好的回響。

想了就做，做大於說，做完要想

常有客戶告訴我們，需要一套新且清楚的架構來思考策略問題，他們受夠了理論與規畫，他們要落地、要好用。所以我們寫了這本工具書，為你提供非常務實的方法，看了之後知道如何動手。還有客戶提醒我們，他們不要那些很遙遠、沒共鳴的「成功案例」，他們需要的，是可參考、可仿效的「驚喜時刻」（AHA moments），因此這本書中收錄的，都是我們與客戶實際執行的成果，而不是從別處借來的案例。

「想了就做，做大於說，做完要想。」是這本書的基本精神。整本書的設計就是要讓大家無論按照順序、策略目的、執行階段，或是單一工具步驟與說明，都可以容易使用。做為一個好的策略設計師，全局觀與細節都是必要的，所以我們也提出了七項必要的技能，幫助大家因應不確定的未來。

中文版的出版要感謝很多人。這本書有大量圖像，為了讓視覺與內容呈現都忠於原味，出版團隊為這本書吃足苦頭，要感謝早安財經的夥伴們為這本書付出的心力與開放的心胸，也要感謝方略團隊從英文版的案例準備與內容架構討論開始，到協助中文版的名詞建議，以及製作新書專屬的中文版網站（www.designabetterbusiness.com/tw/）與內容，在瘋狂的專案時程中投入大量的心力。謝謝沈美君、李奕緯、潘怡潔，你們超棒！

希望大家好好享受這本書，協助你設計一門好生意！

>> 推薦序

走在「可能」與「不可能」之間的臨界線上

沈美君Diane Shen ／Business Models Inc方略管理顧問設計總監、策略設計師

I like fiascoes, because they are the only moment when there is a flash of light that can help you see where the border between success and failure is.

我喜歡慘敗，因為唯有此時此刻，那一條介於成功與失敗之間的臨界線才會清晰可見。

——時尚品牌Alessi 執行長亞貝托．艾烈希（Alberto Alessi）

Alberto Alessi是我所景仰的思想家與企業家典範。以設計驅動變革創新的Alessi，企圖透過改變物件的意義，讓使用者在情感、心理、社會文化層面，產生對物件的渴望。在策略與執行上，Alessi總是帶領團隊，大膽地踩在充滿風險的「臨界線」上前進，這條介於「可能」與「不可能」之間的臨界線，眼睛看不見、手摸不著，更不是市場調查可以界定的，但是他認為，唯有離這條線越近，才有可能醞釀真正的創新，否則每間公司最終會製造出一模一樣的產品或服務。

我很榮幸能和這本書的執筆作者，以及大部分的協同創作者，在不同的專案中一起共事。他們是創新變革領域的前瞻思考者，也是務實的實踐家，更是有理想的反叛分子。當我們為企業執行不同創新階段的專案時，常把自己和客戶團隊推到這條「臨界線」上，這不是一件容易的事，不確定感和恐懼，很容易就讓人想叛逃到「可能」的那一邊，因為那一邊是可預期而且低風險的，大腦不需辛苦運轉思考，身體只要循著原來的慣性前進就好了。

在書中所收錄的私房故事與案例中，你可以一窺那些勇於破框的個人和企業，在關鍵時刻做了什麼樣的決定，才能與不確定的未來相處，也能具備面對高風險變動常態的能力。

一本挑戰你思考慣性的WHY TO反思之書

我們把這些探索創新過程中的發現與洞察，淬鍊成簡單易懂的「雙迴圈」。雙迴圈始於「觀點」（你的初衷是什麼？你想要改變什麼？你想為誰創造什麼價值？為什麼？），雙迴圈的每一個步驟都會帶領你回到最初的觀點，因為在尋找未知機會的冒險旅程中，去質問自己的觀點、去挑戰自己存在的意義，需要更多勇氣。時時反省存在的意義，才能在過多的選項當中，定義出自己和這個世界的關係，找到開創新局的獨特道路。

把雙迴圈往左轉90度，是數學中的無窮盡符號，代表創新歷程不是一個線性流程，始於觀點，但沒有終點。因為創新的實踐，是不斷地、反覆地進行「了解、發想、創造、驗證」，讓個人和組織更具備韌性，在多變的經營環境下，才能自我調適而存續、進化或是再生。這是需要練習才能內化的手感，是變得更好的唯一方法。

這是一本還沒被完成的書。我們等待更多的你，有理想的反叛分子們，和我們一起實踐，讓未來演化為我們今日對她的想像。

>> 憑靈光乍現搞創新、憑機運做大生意的企業永遠都有，但這種機會可遇不可求。相反的，賦能企業內部人才，由內而外發動商業模式創新、讓內部英雄聯手造時勢，是每一家企業都可以踏實往前的第一步。書中20種策略發展的實用工具，可以幫助我們突破盲點。我認為書中的「願景圖」與「驗證圖」特別重要，前者強迫團隊想清楚、說明白商業目標的新錨為何，後者驗證可行性的關鍵環節，帶領團隊提列商業風險假設，一路貫穿市場需求、原型設計與最低限度的成功要件，讓快速失敗快速修正有跡可循。

李竺姮

智榮基金會龍吟研論營運總監

>> 對於創新有熱忱的實踐者，本書提供了一個有組織有方法的歷程，讓您一步一步依循著書中的腳步，體會設計與創新必經階段。熟稔此書後，書內的方法與知識更可以變成溝通與分享時的共通言語，幫助您在創新與設計的路途上更進一程，在此推薦給大家。

唐玄輝

台灣科技大學設計系教授&DITLDESIGN總監

>> 這是一本設計得很棒的書，教你學會跟設計師一樣思考，重新設計一門好生意的絕妙好書。照著順序讀這本書，你會走進一段雙迴圈設計之旅（double loop design journey）。從了解開始，一路經歷創意發想（ideate）、原型（prototype）、驗證（validate）以及規模化（scale）。就像探險旅程一樣，每一個段落都精采，30多位設計師現身說法，40多個實務案例環環相扣，越讀越過癮。

陳文剛

台灣使用者經驗設計協會監事、
AJA Creative使用經驗總監

>> 當商業、科技及設計的跨界融合成為新常態，這本新思維指南的好書來得正是時候。作者運用簡單易懂的視覺圖示，帶領讀者進入巧妙設計的「雙迴圈」閱讀旅程，讓讀者可循著書內指引穿梭自如，根據自身需求找到合適的工具及範例，解決既有問題或找尋開發新事業的靈感。這是一本相當易讀且實用的工具書，誠心推薦。

陳鼎文

beBit微拓公司大中華區總經理

>> 世界是活的，商業模式也必須是活的，時時跟著世界變動。本書匯集全球多位設計者的智慧、個案以及20種策略工具的實務應用，並以「雙迴圈」架構展開，從事前「準備」、建立「觀點」、對顧客和產業脈絡的「了解」、創意「發想」、製作「原型」、假設「驗證」，到成功經驗的「規模化」，每個步驟之間彼此強化，以確保企業能順利抵達這趟旅程的目的地，可說是一本相當實用的教戰手冊。

黃男州

玉山金控總經理

» 正如作者所提到的：「設計出一次的創新是不夠的，因為這不是做一次就夠的事。不間斷地一做再做，才會熟能生巧。如此一來，設計一門好生意的實務操作，才能內化成一種思維方式。」具有思維能力的企業是有機體，要不斷學習，有能力和機會做到永續導向的創新（sustainability-oriented innovations）。就像書中提到的許多案例，許多為人所熟知的創新，一開始的目的都和最後勇於改變和嘗試的結果，往往是兩回事。當然，這不會是一條輕鬆的路，但對的事，我們願意重複去做，讓我們漸漸變得更好。

黃柏溥
緯創資通執行長

» 想了解設計思考如何結合商業模式圖來創造成長，這是一本適合的入門好書。書中提供了具體、深入淺出的觀念導引與技巧方法，非常適合創業中或身處各階段的大小企業經營決策者或主管閱讀，能幫助團隊快速習得心法，立即投入組織實作，從而改變過去一層不變的做法。或許，你也可以如3M公司從設計超黏產品中意外找到另一個美好商機，一如書名：設計一門好生意。

葉建漢
friDay 購物暨Hiiir 時間軸科技總經理

» 「不斷地重新定義自己」，是這個世代企業所面臨的最大挑戰。這本書本身就是最好的設計創新實踐，內容串連跨領域實務專家的經驗與見解，也高度運用活潑且引人入勝的插畫，「視覺化」呈現了許多實用工具的使用情境與技巧。這是我讀後非常推崇的一點，相信不管你目前處於什麼樣的產業，都將可運用書中方法，提升創新與價值創造的成效。

楊振甫
5% Design Action 社會設計平台創辦人

» 這本書很特別，它沒有直接提供成功方程式，而是引導讀者思考與嘗試。從封面到內文，充滿了有趣的插畫、圖表、醒目標題與重點提示，讓我想起為孩子們購買的繪本童書。就像繪本引導孩子們探索世界，這本書幫助創新者探索商業世界、想像未來。建議你與團隊夥伴一起看，一邊看一邊拿自己團隊的產品或服務來嘗試與練習創新思考與設計，無論從哪一個階段開始，你總是能找到一個適合的切入點。

蔡明哲
悠識數位顧問有限公司首席體驗架構師、
HPX社群創辦人、VIDE創誌創辦人

如何

目次

8 大篇章

48 則個案研究

20 項工具

7 種核心技巧

29 位設計師

36 個實用妙招

>150 張圖表

使用這本書

在設計這本書時，我們時時都把讀者放在心上！不同於坊間大部分書籍，本書可以用幾種不同方式來閱讀。

首先，你可以每章循序漸進，從頭到尾讀一遍。或者你也可以先瀏覽一下整本書，跳著閱讀自己有興趣的內容，比方新工具和新技巧。此外，要是你想立刻學習一些特定的內容，可以參考本章所附的幾個快速通道（第22頁）。

開始閱讀！

不確定性：你的祕密武器

你，以及你的企業所置身的這個世界，是充滿著不確定性的。然而，就在這種不確定性之中，也存在著無數的機會，可以設計出（以及重新設計出）改變遊戲規則的企業。這些機會正等著你去發掘，只要你知道如何尋找。

世界一直在改變。不只是消費者的習慣、科技，以及其他趨勢的變化，使得許多曾經成功的企業不得不退場；今日網路經濟的不確定性和不可預測的本質，也使得很多市場全盤改變，並出現了許多新市場。有趣（也讓某些人很憤怒）的是，很多曾居於領導地位、帶頭變革的公司，二十年前就消失了。現在的新玩家不光是幸運，或是雇用了更聰明、更有能力的人而已。那麼，他們是如何在某些看似最不可能的地方，挖掘出金礦呢？一言以蔽之，唯「設計」二字而已。

從根本來說，設計就是要加強你觀察世界的能力。這是一套可學習、可重複且嚴謹的方法，任何人都可以用來開創獨特且合格的價值。設計，不是把你既有的方法和工具丟掉。事實上，恰恰相反。就像設計曾讓無數的新創企業開創出新的商業模式和市場，設計也會協助你決定在何時使用何種工具，以學習新知、說服其他人採取不同的路線，且最終能做出更好的企業決策。

最重要的，設計是要創造出種種條件，讓企業在面對不確定性與變化之際，能夠茁壯、成長，並隨之演進發展。因此，能夠以一種新的、系統性的方式去處理問題，並聚焦於實際執行而非計畫或預測的企業，才能脫穎而出。這類過人的企業會媒合設計與策略，以便在不確定、無法預測的世界中掌握機會，推動成長與改變。

這本書將會提供你種種新工具、新技巧，以及一套思維方式，讓你掌握不確定性所衍生的機會，設計出一門更好的生意。書中還收錄了大量真實案例，是由那些掌握設計基本原則的人士所提供，並有案例研究，探討某些公司如何以設計為決策基礎，不斷做出改變。此外，就如同設計是一種可重複的過程，本書的目的不只希望能在這趟設計之旅中一路引導你，更希望能提供持續性的參考，協助你把用於一個專案或一種產品的設計方法，擴展到整個公司。■

面對未來的一切，
你可以勝券在握。

成為設計者

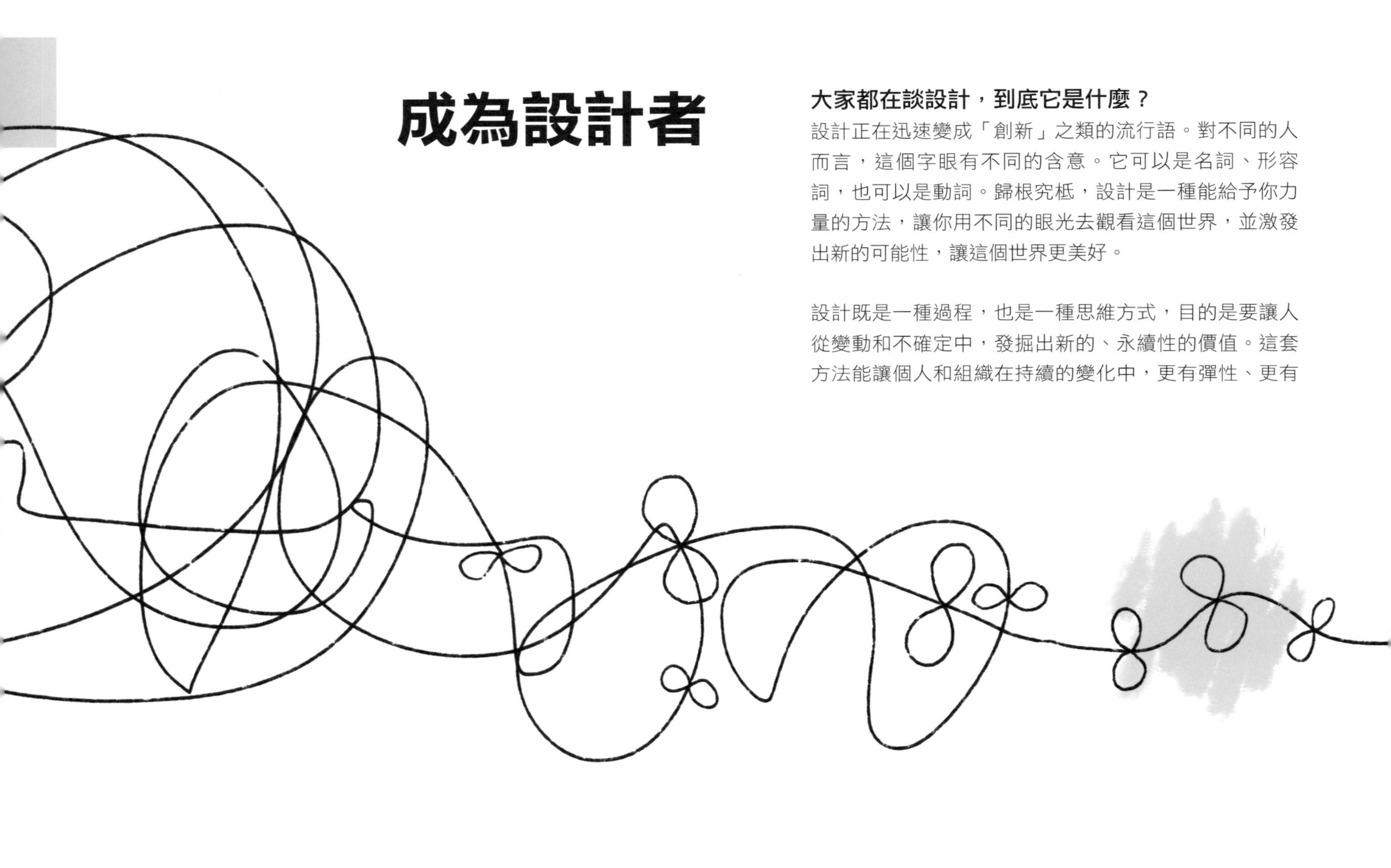

大家都在談設計，到底它是什麼？

設計正在迅速變成「創新」之類的流行語。對不同的人而言，這個字眼有不同的含意。它可以是名詞、形容詞，也可以是動詞。歸根究柢，設計是一種能給予你力量的方法，讓你用不同的眼光去觀看這個世界，並激發出新的可能性，讓這個世界更美好。

設計既是一種過程，也是一種思維方式，目的是要讓人從變動和不確定中，發掘出新的、永續性的價值。這套方法能讓個人和組織在持續的變化中，更有彈性、更有應變力。否則，當預料之外的改變降臨之時，我們就會拙於應付。

擁有巨大的力量……

好消息是，你已經是個設計者了——至少在某些時候是如此。每次當你試圖發展策略，或因為洞察力而做出決定，你就是在扮演設計者。不怎麼好的消息是，許多你習慣用來協助自己做決策的工具，以後可能不再那麼管用了。所以，設計者要做什麼、使用什麼工具，才能協助自己做出更好的決策呢？

往復式流程

設計（及設計工具）的關鍵是：設計是一種往復來回的過程（iteration），在這個過程中，設計者（比方你）是從一個觀點出發，開始觀察世界，為這個觀點蒐集情報；接著，為了掌握你所看到的機會，你會創造出一些可能的選項；然後，你要去驗證這些選項，從中挑出最符合這些機會的方式並付諸執行。最重要的是，設計者絕對不會只專注在規律執行那些被挑出來的選項。設計是持續且往復來回的活動，是用來長期處理各種不明確和變化的狀況。■

設計是一套嚴謹的方法，用來尋找、辨識及獲取價值。

設計者：有理想的反叛分子
7個基本技巧

一切都以**顧客**
為出發點。

觀察顧客並了解他們，會讓你對顧客的需求有嶄新的洞見。你一定要問出正確的問題，才能得到你所尋求的答案。

思考與工作方式
視覺化！

視覺化的工作方式，會協助你有更宏觀的視野，面對複雜主題時能看得更透徹，為你的策略對話創造出視覺重心，同時跟觀眾打成一片。

不要單飛。
你並不比其他人
更聰明。

透過團隊工作以蒐集各方洞見。結合整個團隊或目標市場的腦力，可以讓你找出隱藏的機會。

說故事，
並分享經驗。

故事有清楚的開始與結束，而且故事中通常會有英雄人物，很可能會讓你的觀眾產生認同感。精采的故事令人難忘；精采的故事會口耳相傳；精采的故事會散播開來。

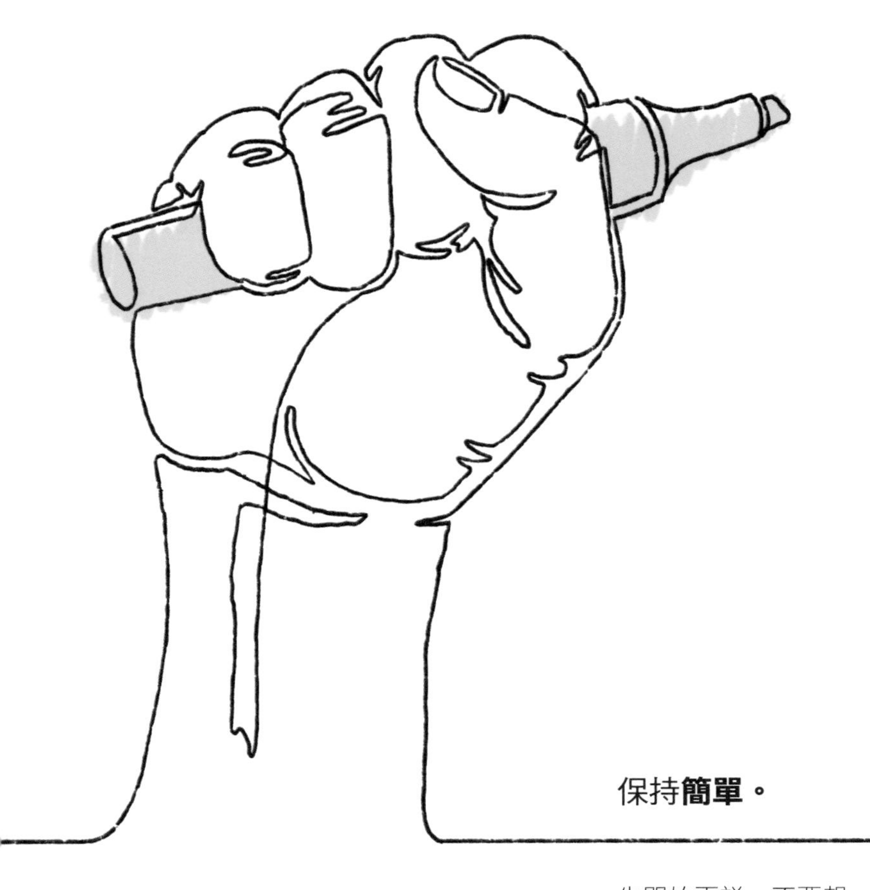

保持**簡單。**

先開始再說。不要想一口氣就製造出最終產品。不要加入任何不能解決實際問題的特色。

設定小實驗，
學習失敗。

每個小小的往復式流程和測試，都能網羅到許多有用的新洞見——如果你貿然開始製作產品或服務，就絕對學不到這些了。現實不會跟你原先假設的完全一樣。

擁抱不確定性。
它是大腦的糖果。

在企業界，除了改變，沒有其他事是確定不變的。接受這一點，並利用不確定性帶來的種種機會。

設計出更好的生意

把創新、企業及策略串連起來

現在你是一名設計者，滿懷雄心要設計出更好的生意。那麼，一門更好的生意會是什麼樣子呢？我們該如何著手，設計出更好的生意呢？

市場上許多既有的、地位穩固的企業，尤其是非新創企業，都只專注在把產品推上市，還有降低成本及增加利潤。這類企業，是以線性的方式執行策略：先準備，後執行。但在這樣的線性方式中，往往忽略了交易另一頭的顧客，以及為了滿足顧客需求、設計並研發出產品與服務的那些人。

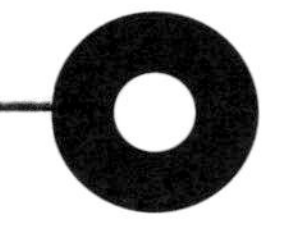

觀點46頁

相反的，設計者總是會考量到顧客的需求。他們會從一個特定的觀點去處理人和問題，而諸如創意發想、製作原型及驗證等種種設計的專門工具則會影響這個觀點。設計者會在自己所學的基礎上，利用以人為本的種種工具、技巧及思維方式，去尋找、設計及執行新的價值主張和商業模式。設計者會不斷反覆這個過程，以求在不確定的迷霧中找出機會。

在本書中，你會發現設計者的旅程是以一種嶄新的方式呈現。你的觀點位於這個設計流程的中心，不斷經由了解、創意發想、製作原型及驗證而受到影響和啟發。這個過程是往復循環的。

所以，什麼是更好的生意？更好的生意就是把人放在中心，再與設計工具、實務和流程相連結。

要達到這個目標，你必須採取一套嚴謹的設計方式——利用你的新工具、新技巧及新的思維方式——引導你做出企業決策和成果，而不是一切照常、逐日執行而已。

只要這麼做，關於未來的選項就會變得清楚許多；身為設計者，你將會在不確定性的迷霧中，開始看到機會。»

了解82頁

創意發想124頁

原型152頁

驗證180頁

尋找新的消費者、價值主張，以及商業模式（包括執行與規模化），是一個持續不斷的過程。身為設計者，你的職責就是將它們連結起來。你的職責是透過設計去考量並測試新的選項，以追求企業的永續成長。你的職責是為你的設計對象設想，並因而形成你獨一無二的個人觀點。

雙迴圈

設計之旅

雙迴圈（double loop）是建立在一個簡單的觀察之上：每個專案、產品、公司、改變或點子，都是從一個觀點開始。這觀點有可能是基於事實，也有可能是基於假設。無論你的觀點是什麼，要利用它來開創出持久的改變，就必須設法朝向目標努力前進。

雙迴圈會將你的觀點納入考量，同時在設計流程中加入嚴謹度和連貫性。這表示你的觀點會不斷隨著你的了解程度改變，並激發出新點子，進一步讓你的觀點更完善。然後你為這些點子製作原型、予以驗證，以測試並衡量它們的效果。而這個過程，又會回頭影響你的觀點，並讓你能成功執行你的創意。

每趟設計之旅都有一個開始，以及一個目標。就這趟設計之旅而言，起點是準備，位於設計迴圈的左邊。把你自己、你的團隊、你的環境，以及你會用到的工具全都準備好，是成功之旅的基本要素。而在設計迴圈的右邊則是目標：規模化。在本書中，規模化指的是兩件事。其一是指以你的觀點為出發點，把執行你的點子或改變規模化；其二是指把設計流程規模化。畢竟，這本書的主題談的是設計更好的生意。設計是核心。因此，本書要規模化的重點，就是設計。■

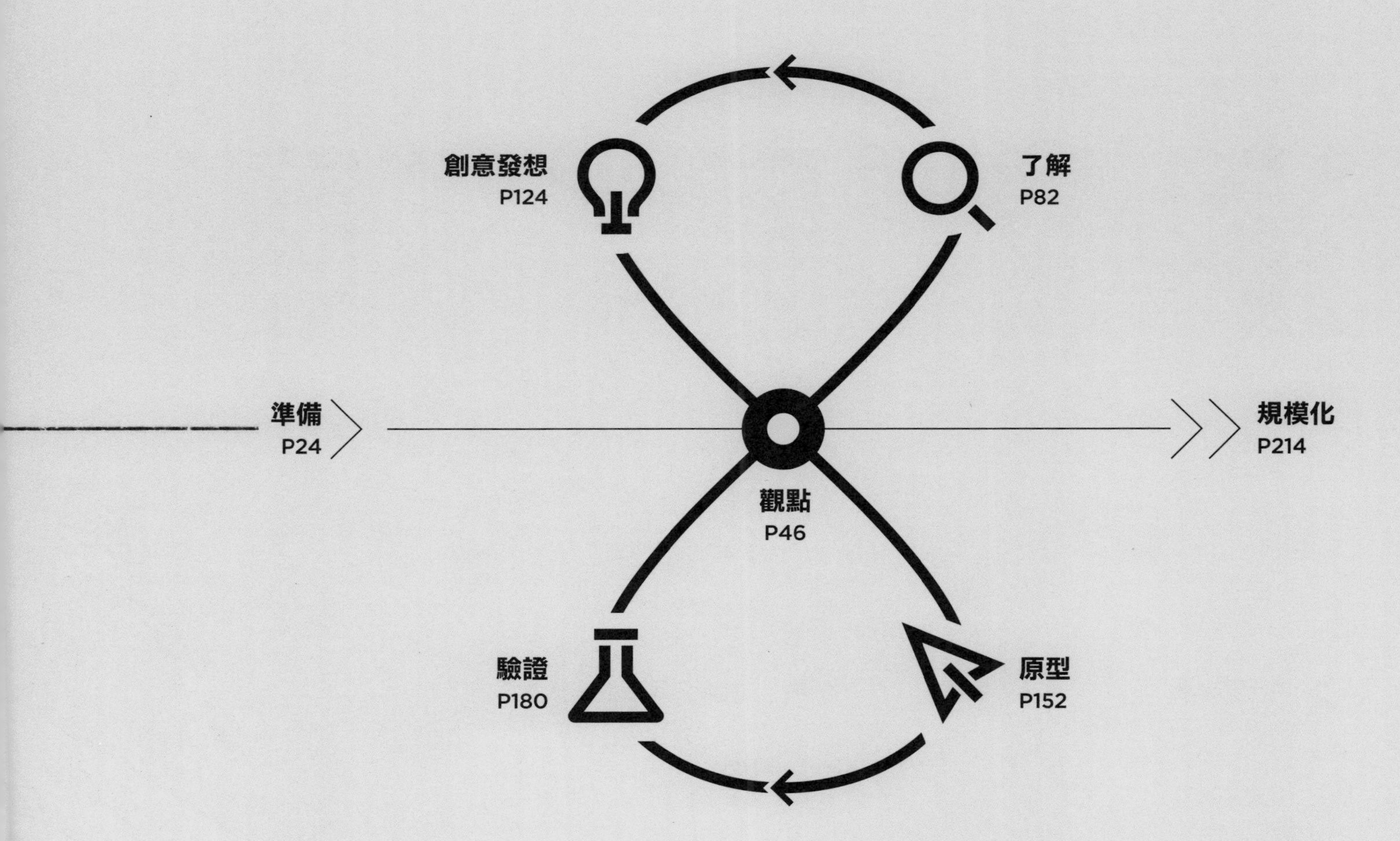
創意發想
P124
了解
P82
準備
P24
規模化
P214
觀點
P46
驗證
P180
原型
P152

雙迴圈地景

觀點46頁

設計始終來自於人性。你的旅程會有助於提供情報，讓你的觀點有所進展。

了解82頁

所有的設計之旅，出發點都是顧客、情境，以及你心目中的企業。了解這些，是做出好設計的關鍵。

創意發想124頁

在這趟旅程中，正確解答不會只有一個。創意發想，可以讓你和你的團隊天馬行空彼此激盪出好點子。

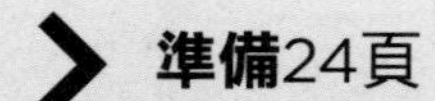

準備24頁

設計是一種團隊運動，必須事前做好準備，才能順利進行。

規模化214頁

設計之旅是一個往復循環的流程，它的目的是要從小專案開始，逐漸擴展到成為全組織的文化規範。

原型152頁

到了某個時間點，你的點子就必須面對現實的考驗。原型製作就是把你的點子實現出來，這樣你才可以從中學習。

驗證180頁

所有構想或點子都只是假設出來的想法而已。為了要了解真正的價值在哪裡，你一定要檢驗你的構想，並評估結果。

從這裡開始，
你將開創新局。

你的工具

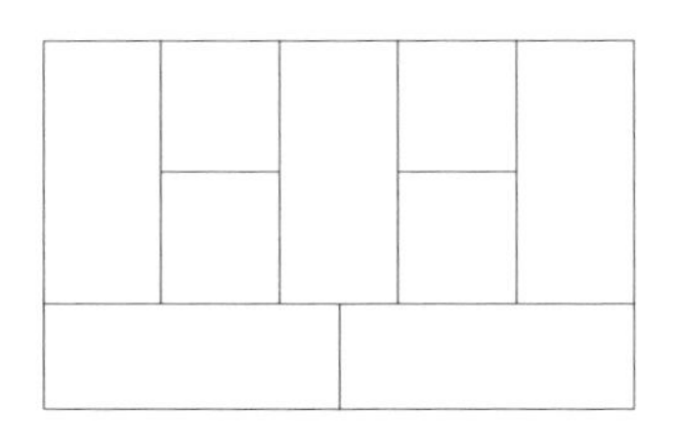
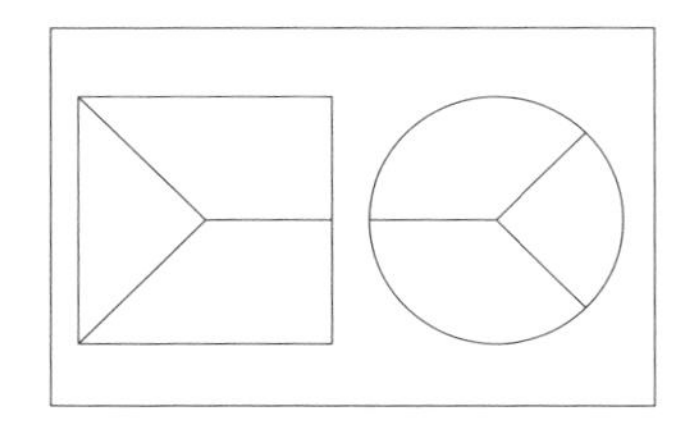

身為設計者，你的第一個任務很簡單，就是跨出你現在所處的框框，觀察這個世界和顧客本然的狀態。對於顧客想要達到的目標，或是世界是如何運作的，都不要抱著先入為主的成見。只要觀察並傾聽。

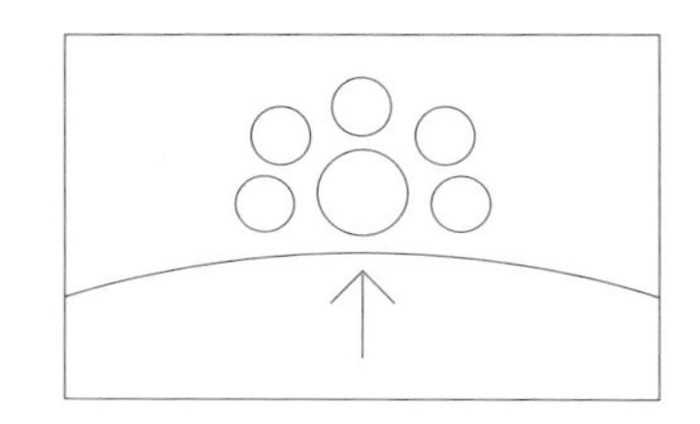

第一個工具，是我們本來就擁有的技巧——觀察。你有多久沒有後退一步、單純在一旁觀察並傾聽顧客了？現在不妨試試看。你一定可以從中學到一些新的東西。

製造出衝擊效果

當你觀察與傾聽時，要開始尋找模式，以及有趣的或意料之外的行動、事件或狀況。這些日後都能成為材料，用來吸引你的經理人或其他團隊成員，讓他們去了解產品背後的人性故事。如果以往你在介紹產品時，不曾引用顧客實際發生的趣聞或故事，那麼我們可以告訴你，接下來你將會驚喜連連。

每個人都喜歡故事，而且聽故事會比只聽一堆數據來得更有趣、更讓人投入。事實上，下一章你就會發現一個專門協助你設計故事情節的工具，讓你發揮出你想要的衝擊效果。

並未過時

一旦你覺得可以從容自在地觀察和傾聽顧客，就該開始利用一些新的工具——設計工具。放心，你不必停下來，也不必放棄那些你原先覺得順手的工具。事實上，你不能期待一夜之間就能改變你的公司，也不太可能讓每個人相信現在使用的工具是過時的，更何況，那些工具或許並未過時。反之，就像你在整修家裡時可能會使用一套新工具一樣，你不妨開始把幾樣新的設計工具加在你的工具腰帶上。（你總不會用螺絲起子去測量一道牆，對吧？）

有用的設計工具

首先，你需要的是觀察工具。這些工具能幫你觀察到人們想要的、需要的，以及他們的痛苦和抱負。此外，你也可以在工具腰帶上加入幾個用來提問和界定問題的工具。畢竟，你不可能只靠觀察，就了解有關顧客的一切。除了觀察工具之外，其他的設計工具還包括創意發

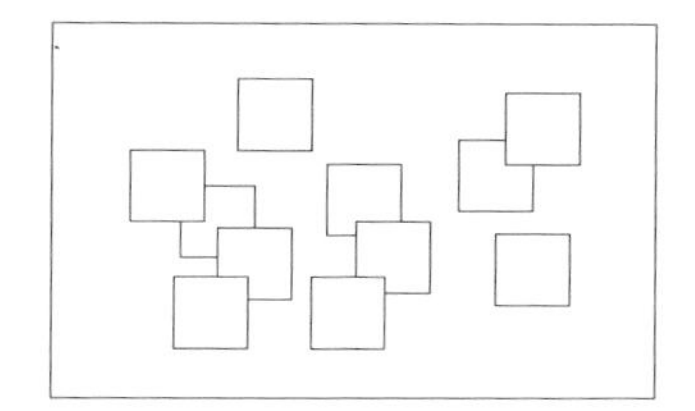

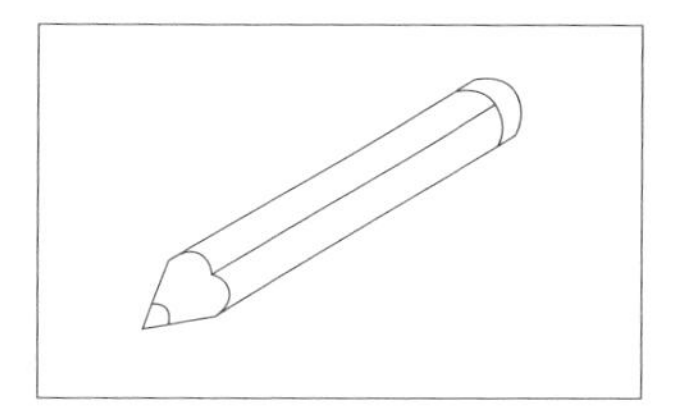

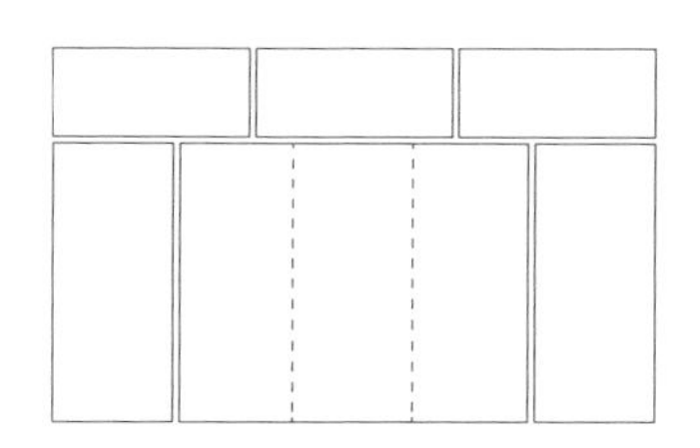

想工具、原型製作、驗證工具，以及決策工具。如果你的團隊裡面有人已經接觸過這類設計工作，他們可能會對這些概念相當熟悉。但無論如何，我們都會把各式各樣極其有用的工具收錄在這本書中，以協助你將商業設計帶到下個階段。

逐漸得心應手

使用某些新的設計工具一陣子之後，當你覺得比較順手了，就會注意到你那些舊工具慢慢成了輔助或備用性質。你甚至可能會一起使用舊工具和新的（設計）工具，好截長補短。比如說，你可以利用行銷數據來補強你實際觀察所蒐集到的軼聞趣事。想像一下其中的種種可能性！這裡的關鍵就是從小處著手，慢慢熟悉這些新工具，一開始你可能會覺得不太習慣，多實際操練幾次就會熟能生巧了。別擔心，多使用這些設計工具幾次，你一定會更順手。此外，當你戴上新的設計者眼鏡，我們相信你會開始用全新的眼光看這個世界。■

工具培養皿：**開發好工具**

就像會計師、醫師都受過訓練去使用專業工具，企業人也受過良好的經營訓練。他們自認可以創新，卻因缺乏正確的技巧和工具而無法如願。

即便有蘋果（Apple）和亞馬遜（Amazon）因為不斷更新商業模式而大獲成功，但並不是所有公司都能做到。原因就在於：傳統的公司結構，與設計流程及創新是扞格不入的。這種狀況無法從損益表看出來，所以沒人會在乎。當然，每家公司都會針對產品進行創新，但除了產品創新和傳統的研發之外，對於其他的創新卻一直裹足不前。

現在已有越來越多的商學院在傳授商業模式創新，包括使用設計和創新的工具，但目前為止，都還只能算是剛起步而已。

我十分樂見更多人在設計、創新及策略方面開發並使用新工具，做為驅動企業前進的新動力。

奧斯瓦爾德（Alexander Osterwalder）
Strategyzer顧問公司的共同創辦人、《獲利世代》（*Business Model Generation*）與《價值主張年代》（*Value Proposition Design*）的主要作者

快速通行卡

BM 1106 03.21 J30 18E

FLIGHT NO. START BOARDING GATE SEAT NO.

FAST FREQUENT FLYER

急著找到答案？

我們提供一些快速通道，這樣你就不必排隊等待你的未來。這些快速通道會指引你找到相關的工具、技巧，或是個案研究。從別人的經驗中學習，立刻就能派上用場。

我想設計一個策略

為了帶領團隊進入我們想要的未來狀態，我需要一個行動計畫。

步驟：

BM 1106 03.21 J30 18E

FLIGHT NO. START BOARDING GATE SEAT NO.

我想進行事業規畫

我想擺脫紙上談兵的階段，跟我的團隊深入探索事業規畫。

步驟：

FLIGHT DB BIZ8 TIME 05MAR GATE G13 SEAT 19B

FAST P BOARDING

我想要一個強大且可分享的願景

我想跟我的團隊一起培養北極星願景，這樣我們才知道要往哪裡走。

步驟： **頁碼**

我想要像新創企業那樣運作

如果你想要把創意推向市場，希望能運作得精實且當一回事，就該向新創企業學習。

步驟： **頁碼**

我想為我的企業建立強弱危機（SWOT）分析

我企業的優勢、劣勢、機會、威脅各是什麼？

步驟： **頁碼**

•UNIQUE OFFERING! -FAST PASS-•

我想要我的企業能夠做到創新及成長

沒有捷徑，但我們提供了一些快速通道，這樣你就不必排隊等待你的未來。

步驟： **頁碼**

握好**你的**通行卡

利用快速通行卡，或者準備好走完整趟旅程。

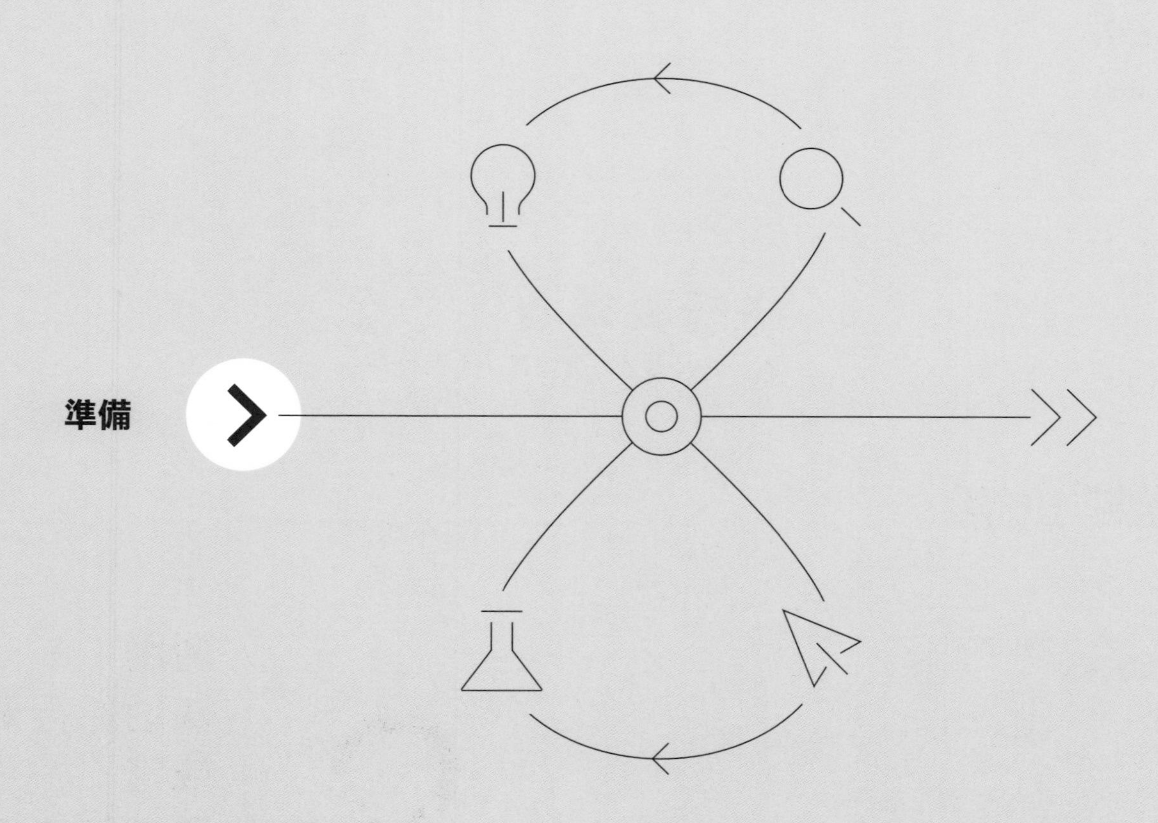
準備

設計之旅 **準備**

準備好你的**團隊**

準備好你的**環境**

準備好你的**工作方式**

每個旅程始於**準備**

無論你是打算要開始一場了解顧客的探索之旅，或是要為你的未來設計出新的商業模式，事前做好準備都是關鍵。你不會在毫無準備的狀況下倉卒上路，打一場沒有把握的仗；同理，你在開始進行某個設計專案前，也一定要先準備好才行。

設計的重點就是準備

設計的流程要事先做好適當準備，才能運作順利。你必須準備好觀察並了解你的顧客、企業以及經營環境；你必須準備好要進行創意發想、製作原型，以及驗證。歸結到最根本就是：為了要成功，你務必要在旅程之前準備好你的團隊、你的環境，以面對接下來的工作。另外，也要準備好你的工具，這樣每個人才能交出最好的成果。

為求成功而做好準備

設計的流程可能跟你以前習慣的許多過程不一樣。首先，設計流程其實不是線性的，而是往復循環的。重點在於，你要欣然擁抱不確定性，了解並不是每件事都能計畫或控制的。設計，同時也是一種近身接觸的團隊運動。肯花時間準備的團隊，所得到的成果往往會比沒準備的好很多。另外，設計也需要實質的工作空間，而不只是大家窩在電腦前面而已。要設計出更好的生意或企業，需要給設計的人發想、製作原型及驗證的空間。為了達到最好的結果，設計也需要利用新工具，而這也必須先做好準備。最後一點是，從事設計時，你必須習慣一套新的工作方式和新的專案架構。重點不在於計畫，而在於讓正面結果的機會極大化，同時賦予權力讓其他人有實質的改變。有些事你可以控制，有些則否。你和你的團隊都要為成功做好準備，控制你能力所及的部分，絕對不要聽天由命，機會不會憑空從天而降。

準備好你的團隊

美國職棒傳奇球星貝比．魯斯（Babe Ruth）曾說：「團結一致的球隊，才能獲得成功。你或許擁有全世界最棒的球星陣容，但如果他們不能團結合作，這個球隊也是一文不值。」同樣的話可以適用於設計出優秀的企業：最好的企業，是出色團隊合作的產物。

提示！ 挑選團隊成員不能馬虎。加入你設計團隊的成員一定要自願參與，否則，他們就只會因循舊習而已。

這也就是說，不是隨便什麼團隊都可以。一個能夠產生最有用的創意、製作出最精確的原型，以及驗證這些創意的團隊，是由一群形形色色、與眾不同的人選組成的（你要的是《天龍特攻隊》〔*The A-Team*〕，而不是《六人行》〔*Friends*〕）。他們能在粗製品中發現鑽石，他們能彼此挑戰砥礪。正由於組成分子的多樣化，才能帶來更多元的人際網絡和資源，並能在必要時放下身段親力親為。

尋找反叛分子

碰到很棘手的問題或提案時，我們大部分人都不願意冒險、嘗試用新方法去達到我們夢想的結果。所以，我們需要一個反叛分子。所謂的反叛分子，必須願意站出來宣布：現在該是採取新路線去解決問題或回答問題的時候了。這個人有能力為設計之旅爭取時間、找到資源。反叛分子會堅持並確保你們在退縮走回老路之前，先去嘗試新方法。

準備好你的環境、你的空間

現在的你，已經知道設計並不是線性的，而是一個往復的過程（也稱為迭代）。在這個過程中，你會一路開發出某些手工自製物件，並且需要不時從中獲得參考。如果這些物件每隔幾天就要在辦公室換位置或換一面牆壁貼，不光是讓人很頭大，也會占用你實際用於設計的時間，減低整體的生產力。如果有個「戰情室」能讓團隊在裡面一起工作、分享進展，就可以大幅提高生產力和效率。

準備好你的工作方式（全員一起）

腳本這類工具——本章稍後會介紹——將有助於你去設計你們的會議（或衝刺計畫），好讓你們一起工作的時間最大化。視覺化的手工物件，例如顧客體驗旅程或商業模式圖，能夠協助你的團隊把焦點放在策略性對話上。花點時間去想通要怎麼利用這些工具，可以幫你把這些工具的價值發揮到最大。這不是苦差事，卻是不可或缺的。»

每個旅程始於**準備**

那麼，你該從哪裡開始？

思考時格局放大，但要願意從小處著手！大部分人處理大型專案和新流程，都會先設法取得董事會或是執行委員會的承諾。這樣當然很好，而且可能也適用於某些狀況。但，設計不見得要有某種成果。反之，重點在於這趟旅程、你沿路的發現，以及你所產生和驗證過的選項。有了這個觀念，以下我們就來看看其他人開始設計之旅的幾個方式。

有了這個觀念，以下我們就來看看其他人開始設計之旅的幾個方式。

當然，你也可以大處著手，直接提交董事會。如果你決定走這條路線，請要求一筆預算去訓練你的團隊進行策略與創新的設計思考。無論你的組織對設計是否感興趣，你的同事一定會開發出種種技巧，在旅程中創造出更好的績效——無論是多麼小或漸進式的效果。

1 找出你的火花

改變始自一個小火花。所謂火花，存在於世界的變動中，而有人對這種變動做出反應。無論是為自己或是為了你的公司，要開始你的設計之旅，首先你就需要一個出發的理由。

2 找到設計工具大使

一般來說，企業裡頭如果沒有精通設計工具的「大使」站在你這邊，就不會有太多進行設計流程的空間。去找幾個有可能成為大使的人選，跟他們談談你的想法。如果能把他們拉攏過來，你的旅程就會順暢得多。

3 組成正確的團隊

設計之旅不宜獨自上路。當整個團隊一起進行設計，而且能全程看到整個流程，才會得到成功。你需要不同的觀點、技巧，以及良好的人際網絡，才能挖掘有用的價值。用這個觀念去建立你的團隊，就不會出錯。

4 水漲船高（踩在巨人的肩膀上）

組織一個有目標的（非一般性的）訓練課程，或是引進一位思想領袖，有助於激發大家對商業模式創新或策略設計的興趣。課程和大師講座是學習新工作方式的絕佳辦法，同時還可以熟悉一套新的工具、技巧和思維方式。你往往可以從中學習到其他組織設計成功的例子。利用這些洞見，去評估自己該從何著手，以及如何進一步把設計引進你的組織中。

5 **設計工作營**

籌設一個以商業模式創新或策略為焦點的設計工作營，以便讓自己專注於設計流程，並決定自己和團隊的目標在哪裡，共同創造出一個可以達到的具體成果。這個成果可能是設計一個願景、一個商業模式，或是一個新概念的價值主張。

6 **找出落後者**

在你們既有的產品或服務中，找出一個一直難以獲利的商品。然後辦一個工作營，組織一支多元化的團隊來參加，以激發出新的商業模式創意。

7 **走出辦公室**

走出辦公室，去找顧客談談，了解他們重視的是什麼。他們說了什麼？想些什麼？把你們的發現向組織裡的其他人報告。■

找出你的**設計工具大使**

為一個小團隊做好準備是一回事，為一個大公司做好準備，則完全是另一回事了。

如果是根基穩固的公司，要怎麼為創新之旅做最好的準備呢？我們找了諸如3M、漢莎航空（Lufthansa）、思愛普（SAP）軟體系統公司、ING銀行、萬事達卡、奇異公司（GE）、飛利浦公司及豐田汽車等企業，詢問他們如何支持、培育出創新與設計思考（像設計師一樣思考）的文化。2015年2月，在紐約舉行的一場高峰會上，他們分享了各自的發現。

他們給出的最重大要點是：想要為創新與設計思考做好準備，這些公司都一定會找出能夠熟練使用設計工具（例如商業模式圖、願景圖，以及其他以人為本的工具）的王牌使用者。這些王牌（本書稱為大使）一定要精通設計與開發的「精實」（lean）做法，而且始終抱持著設計者的思考方式。對於這些大使而言，問題就純粹是問題而已，沒有太大或太小之分。

當你的目標是把設計推廣到整個組織，就必須找出並訓練出不止一個大使。事實上，你會需要打造出一大群熟悉且熱中新工作方式的大使。他們必須吸收種種的設計方法，而且不光是空口推銷，而是要身體力行，將這些方法推廣到業務上。■

準備好你的**團隊**

一支由11名前鋒所組成的足球隊，或是全部都是四分衛的美式足球隊，是不可能贏球的。商界也是如此。無論你是想在球賽或在商界制勝，都一定要找來不同技能（及能力超強）的成員。換句話説，這個團隊必須具備多種專業能力。

別忘了一起找樂子！
喂，是誰把那個空拍機
弄來派對的?!

與眾不同的人選：大學剛畢業的新鮮人；活潑又積極的明日之星；或者某個想法有趣、滿懷理想的年輕人。

了解顧客的業務和行銷高手。

組建一支具備多種專業能力的團隊

理想的團隊要能統攬範圍廣闊的任務。需要有人寫提案？把這樣的人拉進團隊裡。要不要找個能設計投售簡報的人才？或許還需要一個程式設計師……這樣，你應該明白了吧。

團隊裡提出的觀點越多，最後能產生的選項就越多。無論是企業內外，任何設計都不會只有一個正確答案而已。

找出與眾不同的人選

如果團隊的每個成員都有完全相同的人生經驗、技能、知識及觀點，那麼他們會產生的選項，範圍就會非常非常窄。為了避免發生這種情況，你務必要刻意讓團隊涵蓋不同部門的人才——而且要有不同的技能水準、背景、文化，以及思維方式。

角色：沒印在名片上的……

你看一張名片時，在這個人的名字上頭（或下頭）會看到什麼？可能是職稱，但這個職稱很可能不是這個人所要扮演的角色。

角色是某個人在團隊中所承擔的責任，無論正式或非正式的。合適的角色是完成任務的重要核心。你成功的關鍵不在職稱，而是角色。很重要的一點是，團隊的每個成員都

一個始終清楚目標的策略高手或產品經理。

超強的視覺引導師，可以推動專案，並充分利用所有的能量。

橫向式思考者、異議者與反叛分子、網路高手、開發人員和設計師。

一個高階主管當你們的贊助人，在狀況棘手時承擔責任。

幾個大使和粉絲，促使所有成員更投入。

要負起設計的責任，不管是在設計過程中，或是在向股東推銷想法時。為每個成員設計出正確的角色，可以協助他們了解自己在哪個部分、以何種方式最能做出貢獻。從大使到銷售人員，從圖像式思考者到工程師，你的設計團隊必須有各種不同的角色。

除了要留意讓團隊涵蓋不同人才，你也必須構思每個人在團隊中扮演的角色。如果你的成員不曉得自己要扮演什麼角色，那這個團隊就很難成功。

何時組成團隊

在考量你的設計團隊時，你必須找到正確的人、有正確的態度，而且要在正確的時間組成。你會需要這個團隊做的事，包括：籌組設計工作營、腦力激盪，以及田野調查（走出辦公室，去了解顧客想要什麼、需要什麼、做些什麼）。你還會需要組成一支團隊去設計並製作出原型。

不同於大部分的公司配置，不要只為了一個專案或是只為了要成員來開會討論，就組成一個團隊。不要只為了規畫事務而組成一個團隊，除非這個團隊要做的是設計流程。不要為了專案的溝通而組織團隊，那是引導師（facilitator）的工作。你的設計團隊，其目標是去行動、去創造、去學習，然後交出成果。■

準備好你的**環境**

設計不是一般的尋常業務，你的設計團隊所使用的空間，必須能夠應付新型態的工作方式。

聚集商量的地方
這個地方要讓你們可以湊在一起思考、討論新創意。

空間要夠大
這個房間，足以讓團隊所有人無論坐著或到處走動都能舒適自在嗎？

適合團隊的空間

如果設計是一種接觸性的球類運動，那麼你們打球的環境就必須能應付團隊的頻繁互動。設計不是坐在一起開會講話，然後各自回去發e-mail；設計是要站起來、互相交流、寫便利貼、走出去、共同研究數字，然後聚在一起更新彼此的進度，再從頭做一次。

最好的設計環境會考慮到成員互動的方式——不光是坐著，還要考慮到有時會站著，有時要評估牆上的模式圖。這類環境要有夠大的空間，讓成員可以一起工作、發表想法。最好的設計環境是一個專屬的空間，專供某個特定專案使用，因此所有自製的設計物件都可以留在原處，以便團隊成員迅速追蹤進度。

基地

無論怎麼準備環境，你的目標就是要打造出一個基地，讓你的團隊成員可以在此發揮創意、充分吸收資訊，並產生有意義的討論。只要有可能，就設計成一個戰情室：在公司裡找個空間，讓大家可以聚在那裡一起工作，同時可以看到圖像式的進度。另一個辦法，則是設計一個「期間限

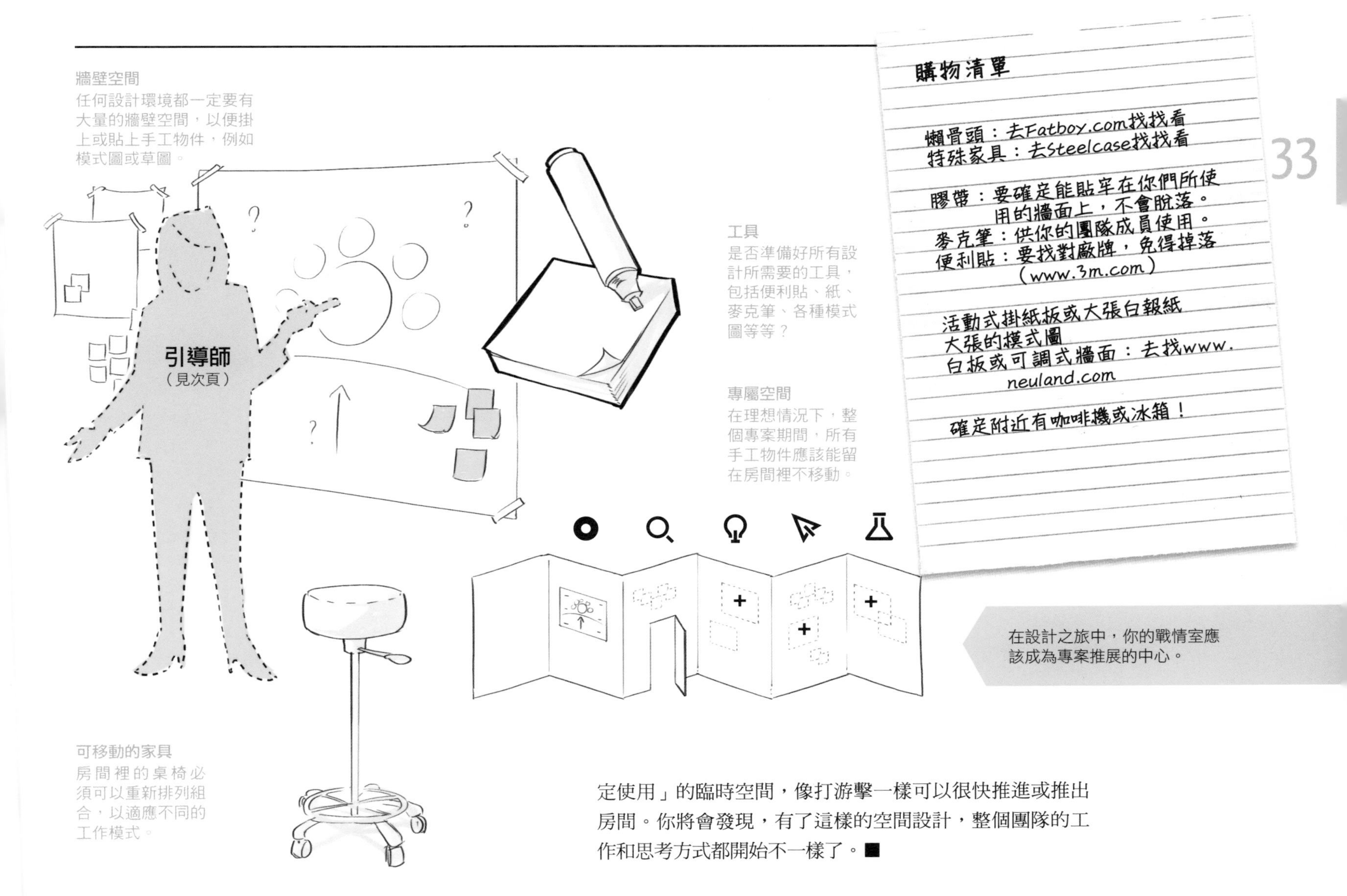

在設計之旅中，你的戰情室應該成為專案推展的中心。

定使用」的臨時空間，像打游擊一樣可以很快推進或推出房間。你將會發現，有了這樣的空間設計，整個團隊的工作和思考方式都開始不一樣了。■

掌握引導

設計之旅的重點在於準備，而引導師（facilitator）的職責，就是要讓每個參與者在面對這些準備與前置作業時，更容易上手。一個熟練的引導師是社交儀式的能手，也是場內能量與意向的管理者。引導師要協助團隊確實有效地達到預期的結果。

——法國巴黎銀行營業處財務長艾曼紐・布汀（Emmanuel Buttin）

社交儀式的能手

引導師（無論是你或其他人）要按照腳本進行會議，同時一路提供團隊討論、決策的空間，並隨時注意控制時間（記得要頻繁穿插休息、喝咖啡、吃東西的時間）。引導師也一定要記下（或是找個記錄人員）過程中重要的觀點、創意及決策。

當然，有許多方法可以達到上述目的。比如說，你可以使用白板、黑板或大型掛紙板，讓你能隨時抓取談話中的重點，精簡地條列記下。

成為引導師

如果你想讓一個針對決策與創新的設計流程運作順暢，讓你的團隊成員能夠投入，並開發出領導潛能，就需要擁有引導師技巧。你越是懂得設計及運作一個好的學習流程，團隊成員就會對自己的創意和參與更有信心。他們會承擔起責任，因而產生更好的結果。

1 學習管理能量

引導最首要的工作，就是管理能量。為了讓生產力達到最大，就得讓整個團隊覺得充滿了能量。在這裡，「能量」指的是人們貢獻的意願和能力。「好的」能量有助於推動流程，而一場適時的討論就能達到這個效果。但如果在錯誤的時間進行討論，大家很快就會筋疲力盡。引導師的核心技巧，就是管理能量，懂得在陷入困境和增進能量之間做到平衡拿捏。

2 不光是開會而已

引導不光是針對一場討論或一次會議，而是引導整個設計流程。你必須在整個運作過程中運籌帷幄。這無關乎對錯，而是要藉著設計和管理流程，有效率地協助團隊成員。引導的重點在於環境、資訊、網絡、團隊，以及能量。這其中包括跟團員充分溝通下一步該怎麼走，以及該做出什麼樣的承諾。

3 在恰當的時間戴上恰當的思考帽

有時要完全樂觀，有時要吹毛求疵。比方說，在創意發想時，有90%的時間是在想點子、10%的時間是在評估和選擇，那麼團隊中的每個人就要有90%的時間戴上樂觀的思考帽，去盡量想出點子來。

但是到了評估和選擇的時候，每個人就可以戴上吹毛求疵的思考帽。在這兩種截然不同的狀況中，引導師的職責就是：確保團隊成員在適當的時間和場合，採取樂觀或吹毛求疵的態度。

4 視覺引導

說出來的話是無形的。五分鐘前所說的話，只存在於記憶中。因此，團隊成員就得一再重複說出他們的論點。

視覺引導的先驅人物大衛・斯貝特（David Sibbet）發現，把這些論點條列在一個大型掛紙板上（要大到讓所有人都能看清楚），就不需要一再重複了。拿一枝麥克筆，簡要寫下有人剛剛講過的話，好讓整個討論繼續下去。■

洗碗去

會議中有兩種人：「眼神專注」的人，以及「眼神茫然」的人。前者是生意人，後者是設計人，他們在會議中扮演不同角色，卻都是團隊不可或缺的人。

前者常常被誤以為短視或愛批判，但他們其實是只看表象（生性如此）。他們會直率發表意見，對任何事情都很快就有答案。後者那種茫然的表情，絕對不表示他們缺乏興趣。在他們開口之前，腦袋裡正在建構各種想法和圖像化的機會。

以局外人的觀點，很難看出這兩種人要怎麼共事。但實際上，在一個團隊裡面，這兩種人你都需要：一種是行動快的，一種是腦筋動得快的。我的職責就是為兩個世界搭建起橋梁：融合兩者的腦力，讓他們有共同的願景。當這類狀況出現，我會提供一個火花（或是打火石），協助他們走向正確的方向。然後我會退出去洗碗，讓他們一起製造出奇蹟。

馬庫斯・奧爾巴赫（Markus Auerbach）
奧迪汽車創新研究主任

管理**能量**

時間管理

就跟任何流程一樣，在審慎規畫設計流程時，也要隨時考慮到時間。當你瞄準一個目標之時，也同時要注意一個特定的日期和時間：你不能永遠都停在創意發想或驗證階段。身為引導師，管理好流程的時間就是你的職責。

整個團隊一起工作時，為了讓所有人形成共識，不妨用掛紙板和麥克筆寫下你們的議程，然後把它貼在牆上。一路走來都要遵守時間，而且不要取消任何休息時間。你會發現，當團隊成員越來越適應這個架構時，就能交出更好的成果。

細節VS.大局

雖然群體裡經常有擅長大局思考和策略思考的人，但這些人往往也會在現行的營運引擎裡泥足深陷。當然，在設計團隊裡納入這樣的人物是很重要的，但是對引導師而言，要把整個團隊導向策略選擇的廣闊水域，有這樣的人存在卻是一大挑戰。

尤其是大公司，更是如此。因為總是得在「我們開始行動吧」和「我們要先確定這個行動是對的」之間不斷權衡。因此，引導師和團隊成員要能在大局和細節之間，迅速

提示！ **要做好能量管理，請善用推與拉的策略。**

時間管理

時間管理的最佳訣竅，就是讓團隊成員自己負責掌握時間。他們工作起來就會變得更注重效率。

推

推的行動：進入群體中，扭曲他們所說的話，逼著大家跳過制式化的牽絆和架構，開始辯論。

拉

拉的行動：後退一步，不要立刻找答案。先靜一靜，然後問一些坦誠的、開放性的問題。

抓著麥克筆

手拿麥克筆的人就表示掌握了權力，可以控制討論的範圍，以及何時進入下一階段——大家的觀點都記錄下來了，不必一再重複。

做出回應。這也是為什麼找出一個核心團隊、對團隊章程達成共識、在設計流程中全程透明，會如此重要的原因之一，而這也正是引導師可以真正發揮之處！

予以視覺化

人類是視覺及空間感的動物。若要真正有效歸納討論與決策的要點，好讓大家能永遠記住，就要遵照大衛．斯貝特的建議，把說過的話（至少其中一部分）寫或畫下來。

當你嘗試要記錄並重播一場會議或設計衝刺營的重要內容時，「一張圖勝過千言萬語」這句俗話就再真實不過了。手裡拿著筆還有另一個附加優點，那就是有助於讓大家把焦點放在你落筆的白板、掛紙板或牆上。

此外，只要有圖像，甚至不需任何文字，就能讓你重新回想起所有對話。無論你想用寫或畫的方式都可以，重點是，在產生結論的過程中，去記錄那些關鍵時刻以及各種的決定。■

更多有關視覺引導的資訊，請參見大衛．斯貝特的著作《畫個圖講得更清楚》（*Visual Meetings*）。

就像**爵士樂**

大衛．斯貝特常說，視覺引導就像爵士樂，有恆定的節奏和形式上的結構，讓人可以即興發揮，充滿活力。

就像爵士樂的現場演奏，說出來的話一下就散在空氣中了。因此，為了讓大家能記住，在會議中就常常得重複提起。斯貝特發現，把這些話摘要寫在大紙板上，方便大家看到及記住，同樣的話就不必一說再說。這也創造出了群體記憶，讓討論可以往下一階段進行。

斯貝特是視覺引導的先驅人物，他從一九七〇年代開辦葛洛夫國際顧問公司（The Grove Consultants International）以來，就從事這方面的實踐與教學工作。視覺引導是啟發創意思考、凝聚群體及激勵大格局思考的關鍵技巧，同時還能強化群體記憶。

本書會陸續介紹他的一些技巧，像是：封面故事願景圖解（Cover Story Vision Graphic Guide®），以及經營環境地圖圖解（Context Map Graphic Guide®）等。

大衛．斯貝特（David Sibbet）
作家，葛洛夫國際顧問公司創辦人與董事長。

準備好**你的工作方式**（全員一起）

你已經組成了一支團隊，也準備好一個讓大家在裡頭一起工作的環境。接下來就要確實有效地一起工作了。為了達到最佳結果，同時步調及進度持續保持一致，你需要一些設計工具。

設計者的必需品

設計者和創意人總是便利貼和麥克筆不離身，這是有道理的。便利貼是消耗品，可以黏貼在任何東西上頭，而且體積小，不占位置。至於麥克筆，則能讓寫在便利貼上的字看得更清楚。把這些工具發給每個成員，讓他們天馬行空去發揮創意。到最後，你應該會有滿牆的點子，以及丟在地板上成堆淘汰的創意。如果能善用便利貼，讓每個人把自己的觀點圖像化視覺化，那就更好了。本書提供了幾個簡單的速寫訣竅，請參見原型那一章有關圖像式思考專家丹・羅姆（Dan Roam）的人物側寫（見173頁）。

更多有關畫草圖及圖像式思考的內容，請參見**第172頁**。

利用一張工具圖，控制討論的範圍

在本書中，幾乎每一章都會出現與主題相關的工具圖，比方商業模式圖、價值主張圖，以及其他可以用於建立願景、說故事、驗證等等的工具圖。這些視覺化的物件有助於激發有趣的對話，還可以控制接下來要討論的範圍。

這些工具圖不是讓你填寫完就丟開的。它們是基本的設計工具，同時也是鮮活、會呼吸的檔案，忠實記錄著你的設計之旅。一旦你把成員分組、用上便利貼、以麥克筆寫字以及速寫素描時，不光是讓設計流程更快速、順暢，你也會得到更好的結果，並學會用一種新的共同語言來對話。

以腳本增進會議效率

對大部分的大組織來說，開會已經成為一種（壞）習慣了。事實上，這種習慣還影響到我們的工作方式：我們坐在辦公桌後頭，各自獨立工作。我們發一堆email，偶爾打幾個電話；而不坐在辦公桌後頭的時候，就是在開會。

開會不見得是壞事，但開會通常只是在計畫，而不是設計。於是，我們去參加的會議，不會有什麼真正的創意出現。這類會議沒有清楚的架構：不知開會目的為何？參加開會的有誰？如何確保在這段時間裡做出一些結論？怎麼知道自己來開這場會該有什麼貢獻？很少有人會問這些問題，但我們卻不斷在開會，整個會議室裡的人都在浪費時間、資源和精力。

提示！ 召開一場走動式的會議。當大家走動或站著時，不但身體更活絡，腦子也會跟著動。一旦你的身心更靈活，就不太容易受困在爭執裡頭而出不來。

此外，為了分享資訊而開會，也是浪費時間。會議往往更偏向社交性、政治性。發出開會通知時，如果某些同事沒被找去開會，我們就會感覺很不好。於是，我們考量的不是誰才應該被找來開會，而是想要怎樣做才不會漏掉某個人。開會的人選不對，或是來開會的人太多，都會導致整個會議的進展緩慢，浪費了所有人的時間。

好的會議，或是更好的工作營，關鍵就在於創造一個腳本。腳本跟議程不一樣，千萬不要混淆了：腳本會清楚列出每個人在何時扮演什麼角色。尤其是，這個腳本會根據你希望達成的結果，協助你設計出一場會議。■

像高手般即興發揮

每次我演講結束，或是去電台或電視台下了節目，總是有人跑來跟我說：「看你這麼談笑自如，看起來就像是現場即興發揮！你是怎麼辦到的？」

答案很簡單：要下工夫。我投入很多時間在我的腳本上頭。為什麼？因為你的責任就是設計出流暢的演講或節目。當你逐步設計腳本，就會感覺到哪裡需要加強能量、哪裡要放慢或加快節奏、哪裡該談得更深入。

一旦你心裡有了清楚的路徑和目標，就可以偶爾走個岔路。換句話說，只要你把握住基本方針，就能隨時找到可以即興發揮的地方。腳本會迫使你去思考如何把要傳遞的訊息切割為容易吸收的片段，如何針對閱聽人的能量和互動來設計。

訊息傳送得好，就能被好好的接收。隨著腳本安排，妥善引導你的接收者吧！

倫斯．德容（Rens de Jong）
廣播與電視主播、主持人、創業家

工具 腳本

就跟拍電影一樣，腳本提供了一個確實且有效率的方式，讓你能設計好一場會議。腳本越是詳盡，會議就能開得越好。

焦點
定義腳本

大約45分鐘
開會時間

1-2
人數

這是你的引導設計工具

腳本能協助你設計出一場會議或一個工作營，還能分送給關鍵參與者及引導師。設計良好的腳本，可以讓你清楚知道在一個工作營中可以達成什麼目標，從而決定時間、活動及主題。最重要的是，腳本是一種視覺工具，協助你針對結果來設計，同時只要用一份文件，就能管理所有的資訊。

為了彈性而設計

有人會誤以為腳本是固定不變的，因此毫無彈性可言。其實並非如此。腳本應該要跟核心團隊一起創作，以共同設計出一個結果導向的會議或工作營。在這樣的創作方式下，腳本其實會讓你更有彈性。

我愛死了計畫實現的那一刻。

——泥巴（Hannibal，《天龍特攻隊》）

此外，當你在腳本中設計出不同的時間／活動區塊時，還能讓你在種種預期或非預期的狀況發生之時（例如塞車造成的延誤等等），有辦法轉向新區塊。

提早到場
務必在工作營開始的至少一個小時前到場，以確保一切都依照安排，現場要提供咖啡和水，同時測試WiFi和投影機功能是否正常。

議程、角色、規則
每個會議都要從議程、角色、規則、成果開始討論。跟團隊成員就這些項目達成一致意見。

每段時間長度
會議的每一段活動時間最少要15分鐘，但最好是30分鐘的倍數。

策略性願景
你可以設計出策略性願景。進一步資訊詳見「觀點」的願景部分（參見58頁）。

休息時間
絕對不要取消休息時間。而且沒錯，這類休息時間要長達30分鐘。我們是人，休息是必須的！

總結
在結束之前的總結時間，回顧一下工作營的目標，確認每件事都討論過了。

通告表 策略性願景

姓名	角色
Marc McLaughlin	主持人＆主
Maarten van Lieshout	視覺設計者
Eefje Jonker	策略設計師
Mr. Wolf	後勤管理人
Josephine Green	餐飲服務

腳本 策略性願景工作營

地點：阿姆斯特丹
時間：09:00 - 12:30

時間	主題
09:00 15分鐘	**準備就緒與介紹**
09:15 90分鐘	**策略性願景的團隊練習** 我們長期的願景和追求的目標高度是什麼？這對我們的商業模式有什麼影響？我們的目標高度會如何牽動商業模式？
10:45 30分鐘	休息
11:15 60分鐘	**分享你的願景故事！** 每個隊員都要當眾說說自己的願景並得到其他人的意見回饋。
12:15 15分鐘	總結

工作營〈客戶〉〈日期〉

	職責	聯絡資料
	啟發並引導整個工作營的進行	〈電話〉〈mail〉
	視覺引導	
	達到最好的可能結果	〈電話〉〈mail〉

〈客戶〉〈日期〉

活動	關鍵人員
簡短背景介紹——我們為什麼在這裡？ 議程（畫圖表示） 角色與規則 工作營的成果	工作營主持人
說明練習 什麼是願景？（5分鐘） 解釋策略性願景地圖，以及 五大步驟願景。（10分鐘）	策略設計師出現在螢幕上
團隊練習 以4-6人分組 把便利貼黏貼在願景、願景主題， 以及如何出現上頭（60分鐘）。 決定五大步驟（15分鐘）。	由引導師協助
記錄 收集各個掛紙板——拍照——將掛紙板上的所有 內容保留下來	策略設計師
大會報告 各組總報告（30分鐘） 找出三個首要的成敗因素（15分鐘） 找出設計準則（15分鐘）	各組全員出席 策略設計師連線
總結 總結今天上午的學習心得、接下來的步驟。結束 這個工作營。	策略設計師

地點檢查表

- ☐ 有許多牆面空間
- ☐ 樣本可以貼在牆上
- ☐ 有足夠的走動空間
- ☐ 採光好、空氣流通
- ☐ 沒有讓人分心的事物
- ☐ 茶點
- ☐ 幾張小桌子，可供小組人員聚集討論
- ☐ 伸展或自由活動時可以放音樂

通告表
製作一張通告表，列出這一天所需要的最重要人員。特別留意要跟當地的技術人員打好關係——他們有可能救了你這一天。

檢查地點
在舉辦工作營之前，一定要事先勘查過地點。棘手的意外有時會毀掉這個工作營的成果。

下載
腳本與通告表的樣張可從以下網址下載：
www.designabetterbusiness.com

檢查表

- ☐ 檢查每段活動與休息的時間長度。
- ☐ 每段時間的明確活動。
- ☐ 通告表。

下一步

> 舉行自己的工作營、會議，或是移地會議。

工具 團隊章程

個人
認識所有的團隊成員

大約30分鐘
開會時間

3-5人
小組人數

現在你已經把所有獨特且多元化的團隊成員找齊了，接下來，你們要如何針對目標、期望、價值達成共識呢？你們要怎麼處理有挑戰性的狀況？那就一起來設計一份團隊章程吧！

簽署團隊章程

你不見得可以決定要與誰共事。即使可以，也不能保證你們會合作愉快。利益衝突，以及不同的價值觀或目標，都可能阻礙團隊的進展。

團隊章程會協助你們為一個專案背後的動力建立藍圖，成為一支和諧又穩定的團隊。團隊章程是需要大家共同創作的文件，有助於釐清這個團隊的方向，同時設定種種界限。

團隊章程有兩個目的。第一，對內而言，可以讓團隊成員弄清楚為什麼要組織這個團隊、針對的重點是什麼，以及將會採取什麼方法達成目標。第二，對外而言，這份章程可以幫經理人和其他的組織領袖明白這個團隊的重點與努力的方向。

你很高興知道要跟誰一起展開旅程！

團隊價值觀

為了合作，你們必須一起決定這個團隊所擁護的價值觀。這些價值觀是一個團隊成功的基礎，有助於降低對未來的疑慮，進而達成團隊的目標。此外，這份章程會針對團隊成員如何共事、每個人會在哪方面做出貢獻，提供明確的準則。如此，可確保整個團隊能夠持續前進，不致落後。

團隊章程應該包括以下事項：團隊成員；團隊目標、期望及成立目的；團隊的價值觀；團隊如何處理問題和障礙；團隊的領導者是誰。另外，也不妨增加找樂子或提振士氣的事項，像是「每週聚餐」之類的。這些對凝聚向心力都是好的。

無論你的團隊章程是什麼形式，都要確認每個人都有同樣的理解，已建立共識。畢竟，你希望團隊每個人能彼此互動，而不只是應付工作而已。

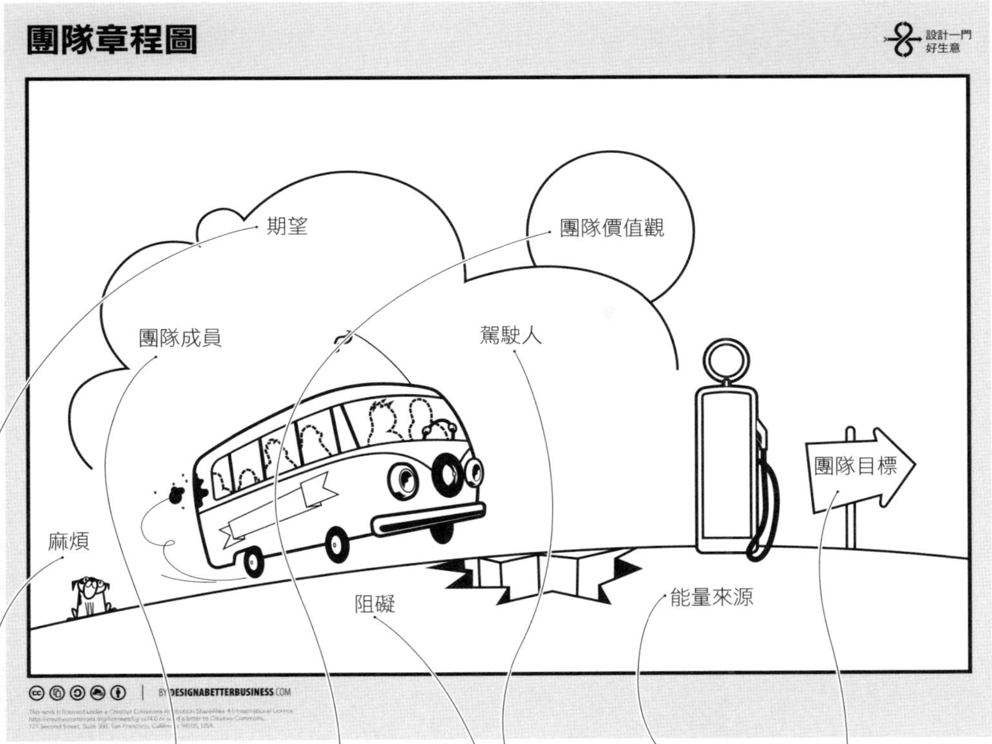

團隊章程圖

麻煩
有糟糕的狀況發生時，你們會怎麼做？

期望
為了要成功，團隊成員對於彼此應該有什麼期望？

團隊成員
巴士上有誰？每個人會對團隊產生什麼影響？例如角色、個人核心價值、技能、個人信念、人格特質等等。

團隊價值觀
這個團隊信奉的價值觀是什麼？這些價值是所有成員都認同的嗎？

駕駛人
誰坐在駕駛座上？誰在為團隊帶路？

阻礙
有什麼會妨礙這個團隊一起工作的成效，害他們無法達到目標？

能量來源
有什麼能增進團隊的士氣？什麼辦法能讓每個人都動起來，去達到最好的結果？

團隊目標
這個團隊想達到的目標是什麼？要怎麼樣才算成功？

下載
團隊章程樣張可從以下網址下載：
www.designabetterbusiness.com

檢查表

- ☐ 確定了團隊目標。
- ☐ 確定了駕駛人、團隊成員，以及團隊價值觀。
- ☐ 確定了阻礙與能量來源。
- ☐ 每個人都簽署了這份章程。

下一步

> 開始「觀點」步驟！

現在你已經……

接下來的步驟

重點歸納

不要單飛。**天才獨行俠早就死了。**

做好準備，
以迎向**成功。**

建立一支具備多種專業能力的團隊。
多樣化是關鍵。

找一個專案發起人。
任命幾個大使來幫你。

工作視覺化。你的腦袋會因此感謝你。

做好能量管理。

現在，
我們要上路了！

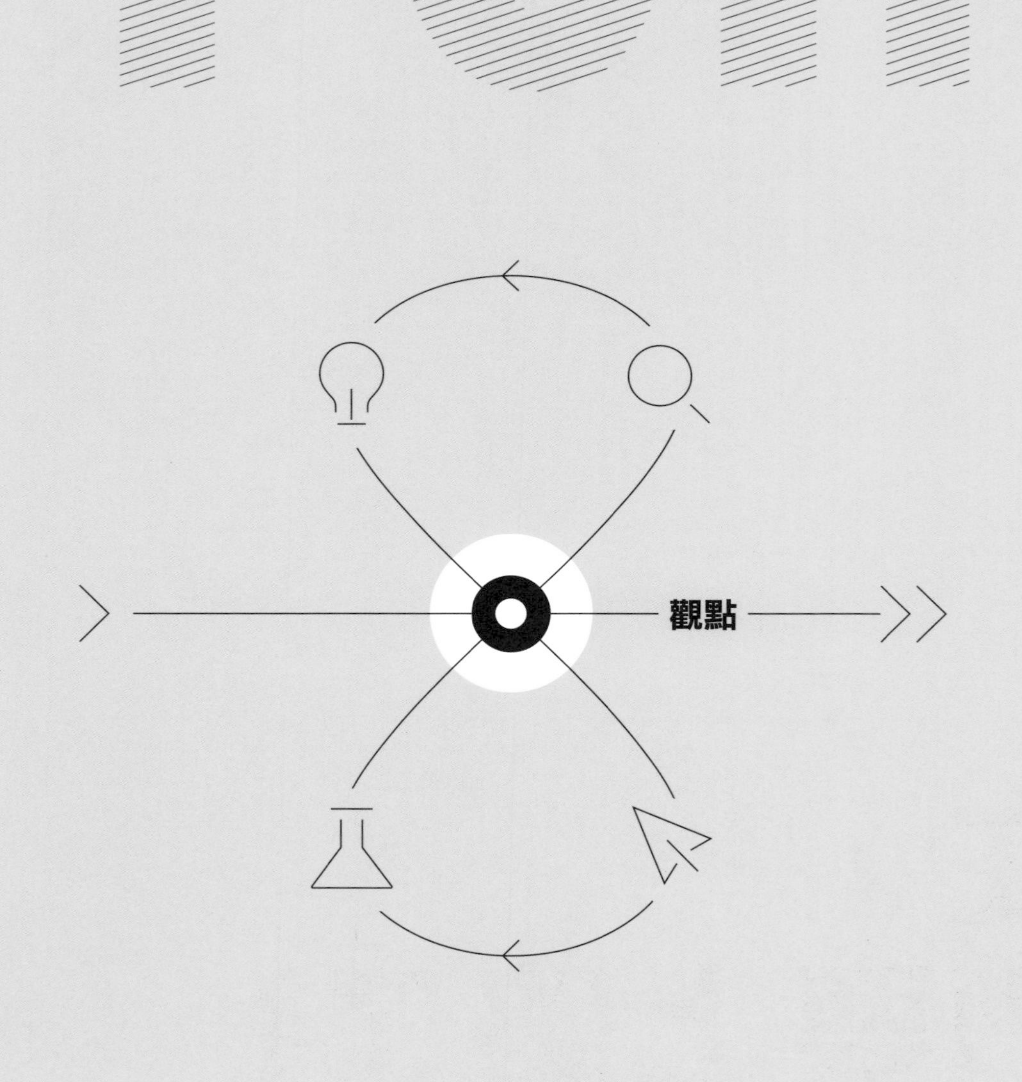
觀點

設計之旅 **觀點**

當個**反叛分子**

發展你的**願景**

設計你的**故事**

建立**設計準則**

你的**觀點**

每趟設計之旅都有起點。或許這個起點是一家新公司要尋找一個永續性、能賺錢的商業模式，或許進行這趟旅程的是一家現有企業，正要尋找新方向來保持競爭力和成長。無論是哪種情況，你的這趟旅程都會從一個觀點開始。

無論是對於一個市場、一個顧客、一個產品或服務，或甚至是一個競爭者，我們都會有自己的觀點。你的觀點是設計之旅的中心，也是你最寶貴的資產。觀點就像試金石，可以檢驗什麼是真實，而什麼只是妄想。身為設計者，你有責任根據一路上所學，積極主動地形塑你的觀點。

萬事起頭難

要從零開始去開發出新的生意點子，這個任務似乎令人望而卻步。如果你是一家新創企業，心裡會期望自己的公司以後能發展成大公司。你努力開發並銷售你的產品——但往往，你工作得越努力，夢想似乎就離你越遙遠。如果你是在一家根基穩固的企業，同樣的策略已經執行了很多很多年，你的股東也樂於享受你努力的成果——股價上升和紅利——而你的董事會只想沿用過去成長的經驗，去擬訂未來的策略。總之，當你試圖要帶領你的公司跨入新水域時，過去的成功可能就會成為今天的包袱。

關於如何使用一個強有力的觀點去設計一門好生意，可參閱：彼得．提爾（Peter Thiel）的著作《從0到1》（*Zero to One*）。

為了展開變革，你一定要從你的觀點出發，即使形勢好像對你很不利。或許你會想：「但那只是我的觀點！根據我的想法，哪可能做出什麼改變?!」你不是第一個這麼想的人，而且你這樣想也沒有錯。但總之，當你的觀點搭配上一些特定的工具、技巧，以及適當的思維方式，你就一定能創造出你所尋求的變革。

當個反叛分子

如果你想影響某個人，尤其是你需要拉攏過來、好讓你的觀點轉為成功策略的人，那麼你就應該當個反叛分子。這聽起來似乎違背直覺，但正是反叛分子以及反叛分子所抱持的觀點，才能成為改變的催化劑。成為反叛分子的意思，並不是要你去反對公司或領導階層所支持的一切。相反的，身為反叛分子，意味著你要對公司的未來帶著一種強有力的觀點。你不必反抗公司固有的一切——但你確實需要去質疑，同時在商議時，明確提出你打從心底認為值得探索的重大想法。

讓你的願景成為你的路線圖

一個強有力的觀點是變革的催化劑。你對未來的展望，則是指引你走向這些變革的路線圖。人們會因為對啤酒的觀點不同而爭論，而願景則設定了方向（或許這麼一來，等你未來賺了更多錢，就可以買更多啤酒了）。

我們對「願景」的定義跟其他書或文章不同。願景不只是一種陳述，更是一種召喚。願景的概念涵蓋很廣，包括讓願景成真的支持因素，以及你在通往願景途中所碰到的種種挑戰和機會。你的願景必須實際而有用，本章會列出一些共同創造的工具，讓你跟團隊可以（也應該）使用。

設計你的故事

當你走進會議室，或是去參加策略會議，或是向創投金主投售推銷時，你打算怎麼說？你要如何拉攏別人傾向你的觀點，或至少說服他們跟你一起探索你的願景？此時一個好故事就可以扭轉局勢。你有沒有注意到，無論是TED演講、做簡報，或是在酒吧高談闊論，最優秀的發言者都會利用趣聞和故事來傳達他們的觀點？在這方面，天生的演說家似乎總能信手拈來，但要把故事說得引人入勝，不管是誰都必須謹慎想好自己要講什麼故事，還要考慮如何說、在哪個時機說，以及對誰說，才能讓對方留下深刻的印象，爭取到你想要的支持。你必須探索你的觀點。換句話說，你必須設計你的故事。

但是，別擔心。就像我們會給你創造觀點的新工具，同樣的，我們也會分享很棒的工具，幫你設計一個好故事。

設計準則

你的願景指向的是一個未來的狀態，但不是隨便哪個未來的狀態都行。你在設計之旅中想要做出的種種改變，也很可能必須符合一套準則，當你為了未來而探索或評估選項時，要劃定哪些事必須做、可以做、應該做，或是絕對不能做。這些就是設計準則。它們提供了一個基礎，又劃定了清楚的邊界，有助於指引你在旅途中做出決定。你所創造的願景，以及你的組織所處的經營環境，都會影響到你的設計準則。同樣的，這套設計準則也會影響到你要探索的選項。■

五大步驟願景圖（本章）第58頁

設計準則圖（本章）第68頁

封面故事願景圖（本章）第64頁

說故事架構圖（本章）第74頁

勇敢站出來

每個人都有自己的觀點，但很少人有勇氣站出來。他們認為自己並不是挺身而出的恰當人選，因為那不是他們的職務範圍。其實那也不是我的職務範圍，因為我是財務長。但我決定要走出我的舒適圈，因為唯有這樣，才能做出改變。

我們渴望願景

最近幾年，我們的組織歷經了一些頗為艱辛的時期。從組織裡的能量就能感覺到了。金融危機造成了重大的損失，兩家公司（法國巴黎銀行與富通銀行）的合併也造成了企業文化的衝突，而且我知道我們的討論太偏重過去所發生的事情。很多同事都在質疑我們公司的定位。當然，我同意這些同事的意見，但即使是這類討論也非常不愉快，甚至具破壞性。

提示1

堅守你的信念。如果你自己都做不到，又怎麼能指望別人堅持呢？

當一艘大船往前航行時，我們常認為自己沒有太多時間停下來自我反省。但我覺得，我們得後退一步去描述我們的現況，然後拋開過去，繼續往前走。這不是要我們把問題掃到地毯下，而是必須把問題談開並從中學習。然後，我們就必須繼續往前走了。

重新對焦，瞄準未來

儘管我們都很害怕、不確定、充滿疑慮，但我覺得該是重新對焦、開始往前看的時候了。雖然這不是我身為財務長的職責，但我決定站出來，讓改變發生。事實上，我認為組織裡的任何人都應該站出來，跨越職務與領域，擔負起更新更大的責任。然而，身為財務長，我有點不知所措：我該如何聚焦未來，而且不受限於一些數字的預測呢？未來會是什麼樣子？在我們這個變化迅速的金融世界裡，我知道有一件事是確定的：數字無法說出我們需要的故事；數字也無法讓人對我們的未來產生信心。

在我看來，如果要談未來，很顯然的，故事比數字更重

提示2

勇敢做自己：在工作上表現自己真實的一面，就跟私底下沒兩樣。

要。而要重建我們的故事，需要的就不光是數字導向的IQ，還要有情緒導向的EQ。我必須讓大家拋開負面情緒，而以正面情緒去建立我們的未來。至於我們所仰賴的基礎，就是「我們從何處來、變成什麼樣子、我們是誰，以及深入我們基因裡的是什麼」。

勇敢走向前

我是那個帶頭向前走的人。這不太尋常，因為我的角色是財務長，一個搞數字的人。事實上，這是我職業生涯中第一次覺得有必要這麼做。當然，我已經擔任主管職位很長一段時間了。這家銀行就存在我的基因裡，我想設計出一個可長可久的未來。≫

做命運的主人

我從來沒想到自己會成為我們公司「移地會議」的主持人，但結果就是這樣：我穿著一身正式服裝，站在三百六十度的舞台上，介紹同事們一一出場，向一群優秀的觀眾演示他們的願景故事。這個願景是由我們設計並述說，而不是那種由管理顧問公司所拼湊出來的無聊策略計畫。我們設計這場會議，是為了打動其他250名同事，讓他們也希望能貢獻所長，朝未來更邁進一步。我們銀行從未辦過這類活動。透過電影《打不倒的勇者》（*Invictus*）配樂及場景畫面的輔助，我們要告訴在場所有人，他們有能力去主宰自己的命運與未來。

這是一段令人興奮的旅程，而且有很多人加入，一起探索未知。那並不容易，但整個計畫實現了。我以身作則，說到做到：我就是自己命運與未來的主人。

艾曼紐・布汀
（Emmanuel Buttin）
法國巴黎銀行營業處財務長

提示3

今天的你要比昨天更好。只有這樣自我承諾，才能成長。

於是，我覺得大家有必要走出舒適區，幫忙駕駛這艘船，但我也相信，當你站出來掌舵時，一定會覺得更安心自在。我並不是說你第一次站出來時不會覺得焦慮，我自己當時就很焦慮不安。但我覺得這種焦慮狀態，能讓你對新環境抱持著更開放的態度。你會對外界刺激變得更敏感，從而找出你的願景。我就是如此。

完全不曉得該怎麼做

先前在工作上，我已經習慣了營運的思維方式，所以不曉得該如何把焦點轉向近期內的未來。事實上，當時團隊裡沒有一個人知道答案。但我覺得，只要往前踏出第一步，我們就能共同摸索出下一步。此時，我明白自己真的開啟了一個運動。一旦有人加入，就能帶起往前走所需要的能量。甚至，陸續會有更多人被這種能量吸引，紛紛自動加入。剛開始起步時，雖然前方沒有清楚的路線，我們卻很樂觀地走出自己的路，這種感覺真好。

當時我也知道，在我們這種大型組織裡，大部分的人都不太願意加入我們這種運動。不是他們不想，只不過在多數時候，最安心的路，就是利用現有的資訊去執行今天的策略。畢竟，我們在學校裡學的都是這一套。但是，只因為習慣利用昨天的資訊去執行昨天的策略，就不肯往前走，這樣的理由太糟糕了。如果目光只停留在昨日，就算你擁有全世界的資訊，也不能保證成功。當然，你可以雇用第三方幫你設計願景和策略，但如此一來，你就沒有為成敗完全負起責任。

大家一起來

我挺身而出後，其他人也站出來幫忙共同設計未來。當我們一起跨出前面幾步之後，我發現最有趣的創意之所以會出現，都是因為有不同部門的人彼此分享各式各樣的點子。我們想開創出一些跟以往不同的東西，而不只是在一張紙上寫下各自的點子，過幾天就被遺忘。我們相信，為了實現願景，我們必須通力合作，不要等到執行委員會出面。我們希望吸收組織裡各階層的人才，一起探索故事，並且把故事說出來。

跟250人一起開創願景

匯集了來自組織裡各單位的人才（他們全都另有日常的職責），我們開始設計出往前的路。我們收集資訊、找顧客訪談，在一張地圖上同步記下我們的故事。我感覺我們開始形成了一個強而有力的願景。

那年稍後，我們在公司外面的地點舉辦了一個為期兩天的「管理大學」：那是一個適當的時機，讓我們跟公司內的其他人分享我們蒐集來的故事。這可不是小活動，管理大學邀集了全組織各單位來自世界各地的250人，一起來談談這家銀行的未來。我想這是個絕佳的機會，分享並驗證我和35個人組成的核心團隊過去一年所打造出來的願景。我們全都站上了舞台。

在這個活動中，我們團隊裡的每個人都要對在場250個觀眾說出我們故事的一部分。而且為了讓涵蓋面更廣，我們決定不要用一般的舞台，而是選擇了一個360度的舞台，發言人就站在舞台正中央——位於對話的中心點。更冒險的是，我們決定完全不使用投影片。我們會有TED風格的提綱，用來提示我們的團隊。

練習：我們是什麼樣的銀行？

我們的願景故事進行得非常好。但為了讓每個人都能參與，而不只是創造出這個願景基礎的35個人，因此一開始，我們把焦點放在「我們是什麼樣的銀行」的集體練習。我們用上了剪刀、汽車零件照片、馬克筆和膠帶，讓大家一起設計出我們覺得這個銀行目前的樣子。這個練習乍聽之下一定很怪（或許你現在聽起來也會覺得怪異），令人驚訝的是，大家竟然很快就拿起他們的工具一起設計出了一輛車子——前後才花了20分鐘。我們玩得很開心，也分享了有關我們公司DNA的種種故事。每個人都很驕傲我們踏出了這一步。

對銀行產生持續性的影響

我可以毫不猶豫地說，我們銀行和銀行的領導階層學到了很多。我感覺我們踏出了重大的第一步，去欣然接受一個互助合作的新工作方式。這個新工作方式的重點，就在於相信其他人可以幫忙駕駛這艘船。我們沒找顧問公司來幫忙規畫，而是自己一手包辦。我們發現組織裡許多有才華的人站了出來，並帶動別人也挺身而出。而且，我們現在相信自己可以用不同的方式思考與工作了。■

在這個範例中，各團隊利用汽車的隱喻，剪貼出他們所詮釋的巴黎銀行模樣。

觀點的故事

明確的策略

在那麼一瞬間，當我們像《辛普森家庭》的老爸荷馬一樣飆出「噢！該死」時，忽然就明白了一件事：我們對下一步往往過度策畫且過度設計——所以五大步驟真的是個容易的辦法，用來記錄接下來的明確步驟，既大膽、創新又令人信服。這些不是抽象的策略，我們全都迫不及待要落實了！

//維琪．希利（Vicky Seeley），Sheppard Moscow有限公司營運長

忠於你的願景——不要為了其他人的優先順序而改變。

// 蘇．布雷克（Sue Black），蘇格蘭鄧迪大學（University of Dundee）

西門子醫療公司，土耳其分公司

我們是西門子醫療公司（Siemens Healthcare）土耳其分公司的業務與行銷部門，在近日的公司改組與重新定位後，我們討論公司的願景與企業策略。所有關於商業模式和經營背景的討論，都與我們的願景息息相關。我們一致同意的大部分行動都源自於五大步驟願景圖。

//艾尼斯．索內梅（Enis Sonemel），西門子醫療土耳其分公司，影像診斷部門主管

一個連貫的願景

莎莉安．凱利（SallyAnn Kelly）接下「奧巴洛兒童照護信託」（Aberlour Childcare Trust）的執行長時，得到一個清楚的指令：要賦予該組織一個清楚的策略。當她試圖達成真正的長期性變革時，發現自己必須讓整個組織一起投入。

2014年6月：莎莉安．凱莉接下執行長一職，發現這個組織需要清楚的方向。

2014年7-8月：莎莉安展開組織內部之旅，以創造出一個觀點。

2014年12月：五大步驟願景，與資深領導團隊和董事們討論策略。

2015年1月：把五大步驟和策略草案結合在一起，提交董事會。

2015年1-2月：諮詢300多名員工（占全組織43%），尋求他們的回饋，讓計畫更務實。

2015年2月：為三年策略的第一年策略及組織營運計畫書的最後草案進行修訂。

外包商

在Mindpearl，我們需要重新設計出一個行銷自己、談論自己的方式。先前我們的語言已經變得太複雜又疏離了。於是，我們根據「我們從何處來、我們是誰、我們想成為誰」的原則，制定出一個清晰的願景。我們的員工現在可以與我們的全球定位重新產生連結。我們重新校準了我們的行動和說故事方式。

//卡倫．戴爾（Karin Dale），Mindpearl總經理

現在我可以用一張紙寫下我的策略，和他人分享！

//克雷格．莫漢（Craig Mohan），芝加哥商業交易所集團行銷技術與數據服務部門常務董事

防彈的願景

在進行封面故事時，一支來自醯胺纖維製造商防彈部門的團隊想出的封面故事是：「歐巴馬買了一件防彈的Dolce & Gabbana禮服，給他太太當聖誕禮物。」所有的人大笑。一開始沒有人真正了解其中含意，但當我們開始實際討論，才明白它的意思是：要開發符合時尚的防彈衣，而不是那些很醜的防彈夾克和背心。這種產品絕對有需求，尤其是某些國家的有錢人和名流。

每個部門都有一個願景

原先我們的整型外科、皮膚科、腫瘤科、婦幼科必須描繪各自的願景，很快我們就發現，利用一個共同創造的設計流程會更好、更有趣，也更有生產力。願景的重點就在於有志一同。對我們來說，創造願景時，最關鍵的就是要把顧客放在心上。

這對我們醫院是非常重大的一步；我們之前的角度都是以專家意見和傑出醫術為優先，而不是以顧客為中心。在設計了新願景之後，我們希望能兼顧對內及對外的溝通。我們利用一些視覺活動，創造出了一個清晰的故事。

//凡梅洛德（Frits van Merode），荷蘭馬斯垂克大學醫療中心執行董事

要是能編製一本迷你的策略小冊子給所有員工，那不是很棒嗎？

2015年3月：
把策略提交董事會。

2015年4-7月：
舉辦工作營，讓所有員工與新策略接軌（這個策略對你有什麼意義？你會採取什麼樣的行動？）。

2015年4月：
編製出迷你的圖像化策略小冊子，寄給每個員工一本，裡面還附上一封感謝信。

2015年5-12月：
執行第一年策略。展開新方案以支援願景的構成要素。

2016年1月：
策略檢討日。開發／評估／學習循環就位。

你的未來願景

在企業界，大部分人聽到「願景」這個字眼，第一個反應就是打呵欠。這是因為大部分願景都模糊不清，而且坦白說，也沒什麼好讓人興奮的。設計良好的願景，應該是一種能夠激起人們行動、創造以及創新的召喚。

願景是你的羅盤

當你針對未來構思你的觀點時，指引你和所屬團隊走向北極星的，就是願景。一個清晰的願景能讓你們聚焦，並提供一個定位點，以制定出大膽的策略。願景會驅動你們去尋找新的商業模式。願景是一種召喚，一個清晰而有說服力的願景能為你和同事所做的一切提供方向。每天都要互相問這個問題：這個行動、活動、實驗或方案，能讓我們朝實現願景更邁進一步嗎？如果答案是「不會」，那就不要再繼續浪費時間、精力及金錢。願景是羅盤，可以確保你的團隊把重心放在顧客、客戶及其他股東等更重要的事情上面。願景可以啟發、吸引及激勵人們，讓他們把工作做得更好。

願景不只是一份宣言

如果你的未來是個豐富多彩的故事，願景宣言就是這個故事的標題。它就像是船錨，為更大的故事定調。雖然願景宣言是一份充滿抱負的宣言，敘述你的團隊（或組織）在中長期的未來想達到的成就，但一份願景宣言要真正有用（且有力量），不單要指出你們的目標、時間，同時也要說明你們達成目標的方法。

超越願景宣言的願景！

願景設計的第一步，就是要超越願景宣言。沒錯，願景不但要涵蓋願景宣言，同時也要列出基本的主題和例子。總之，如果願景是對未來的召喚，就必須由全組織的人一起設計（或至少一起落實）。設計願景的流程必須兼顧到你們組織所信奉的價值觀，以及實際可行的中長期目標。你的團隊或公司所創造出來的願景，必須提綱挈領地點出關鍵目標、高階戰術，以及企業的構成要素及價值觀。這能讓你公司的各個團隊發展出策略，以達成願景中列出的目標。只要有個統一的願景，員工就可以達成共識，步調一致的前進。你的願景會成為指引未來方向的北極星。

願景要務實，需要三個構成要素

一個高品質、務實、激發人心的願景，都應該有三個基本特色：必須說出這家公司在短期的未來（2-5年）想達到的位置；必須涵蓋某種程度的鼓舞與刺激（召喚）；同時必須詳細列出達成願景的幾個清楚步驟。

我們該從哪裡開始？

要打造一個願景成為你們的召喚，就要組成一個團隊讓他們負責設計未來，而重點在於結合能量、樂趣、創意，以及企圖心。一開始，要敢於大膽做夢。別去擔心你日常的瑣碎事務。跟你的團隊進行腦力激盪，設想自己在中長期的未來會是什麼樣子。

問問自己，你的團隊（或組織）在接下來幾年想要解決的是什麼問題？你們希望達成什麼目標？你們鎖定的顧客群是誰？你想為他們做些什麼？你未來的商業模式會是什麼樣子？

支持我們願景的是什麼？

當你和團隊開始為你們的未來設想時，也必須能掌握種種有助於支持你願景的面向，包括你的組織、你的策略，以及更大的經營環境。要掌握這些支持因素，關鍵就是問你自己（或你的團隊）：「為什麼是我們？為什麼是現在？」你們組織裡的哪些價值觀或事項，可以支持你的願景？或是擴大格局（甚至是趨勢）來看，哪些部分可以進一步強化你的願景？■

好睡就有好日子

亞特・魯斯是荷蘭歐品（Auping）調整床公司的執行長，他決定要以一種非常與眾不同的方式展開公司的願景設計。他沒有待在遠離顧客的執行長辦公室閉門造車，而是找他的顧客一起創造出歐品的願景。

顧客們說：「對我來說，睡眠是最重要的事，睡得好會讓我感覺健康、元氣飽滿，讓我覺得自己真正活著！」

今天，歐品的溝通焦點不在於生產上面，而更偏重讓顧客去發現睡一張好床有多重要：充滿活力的一天。他們的廣告詞是：「與歐品共度的夜晚，帶來更美好的白天。」

亞特・魯斯
（Aart J. Roos）
歐品執行長

工具 五大步驟願景®

原創設計者：David Sibbet, The Grove Consultants International

個人
建立你的願景

約90分鐘
壓力鍋

3-5人
小組人數

如果你想在組織裡針對未來做出正面的改變，就不能光是寫一堆迂迴曲折的紙上願景，你還要取得所有人的共識，認清你們打算為什麼而共同奮戰，又打算採取什麼步驟走到「那個目標」。在協調所有團隊的意見時，五大步驟願景圖是個完美的工具。

採取的步驟

願景圖將會幫助你們共同設計出願景，以及達到願景的五大步驟。此外，利用這個工具，你的團隊就可以釐清對你的願景來說，哪些是有利的支持、哪些是要跨越的挑戰，以及在朝向願景努力時，又會創造出什麼機會。最棒的是，這個願景圖將會協助你推演出商業模式和策略的設計準則。

共同宣言

願景宣言有時也被稱為公司未來的藍圖，但遠遠不只如此。你的願景宣言就是你的靈感，是你所有策略規畫的架構。當你在草擬你的願景宣言時，基本上就是在表達你對這門生意或這家公司的夢想。這樣的憧憬應該時時提醒你們，不要忘記你們要一起達到的目標。

這樣的共同宣言可以適用於全公司，也可以只用於公司的單一部門。無論是全公司或某個部門，願景宣言都回答了「我們要往何處去」的問題。

具體的行動綱領

願景圖最大的優點，大概就是：你的整個願景，包括行動、支援、機會、挑戰，全都明列在一張紙上——而不是一本書！所以，很容易分享，也很容易轉譯為決策者（或執行者）所需要的具體行動綱領。更棒的是，根據願景圖所創造出來的圖像化願景，對於你的文字宣導非常有幫助。

就定位，預備……開始！

無論選擇用什麼方式來勾勒你的願景，你都需要挑選適當的人來參與設計。其中包括決策者，以及其他所有人！一個願景無論規畫得多麼好，如果沒有展開行動或缺少幫忙推動的大使，也只是紙上談兵而已。■

如何展現
這些主題要如何在公司呈現？要如何讓願景的五大主題更具體？如何啟發別人？

願景宣言
我們公司未來的發展如何？我們要如何幫助我們的顧客？

不可或缺的主題
有哪些不可或缺的主題可以支持我們的願景？用幾個詞描述出來。

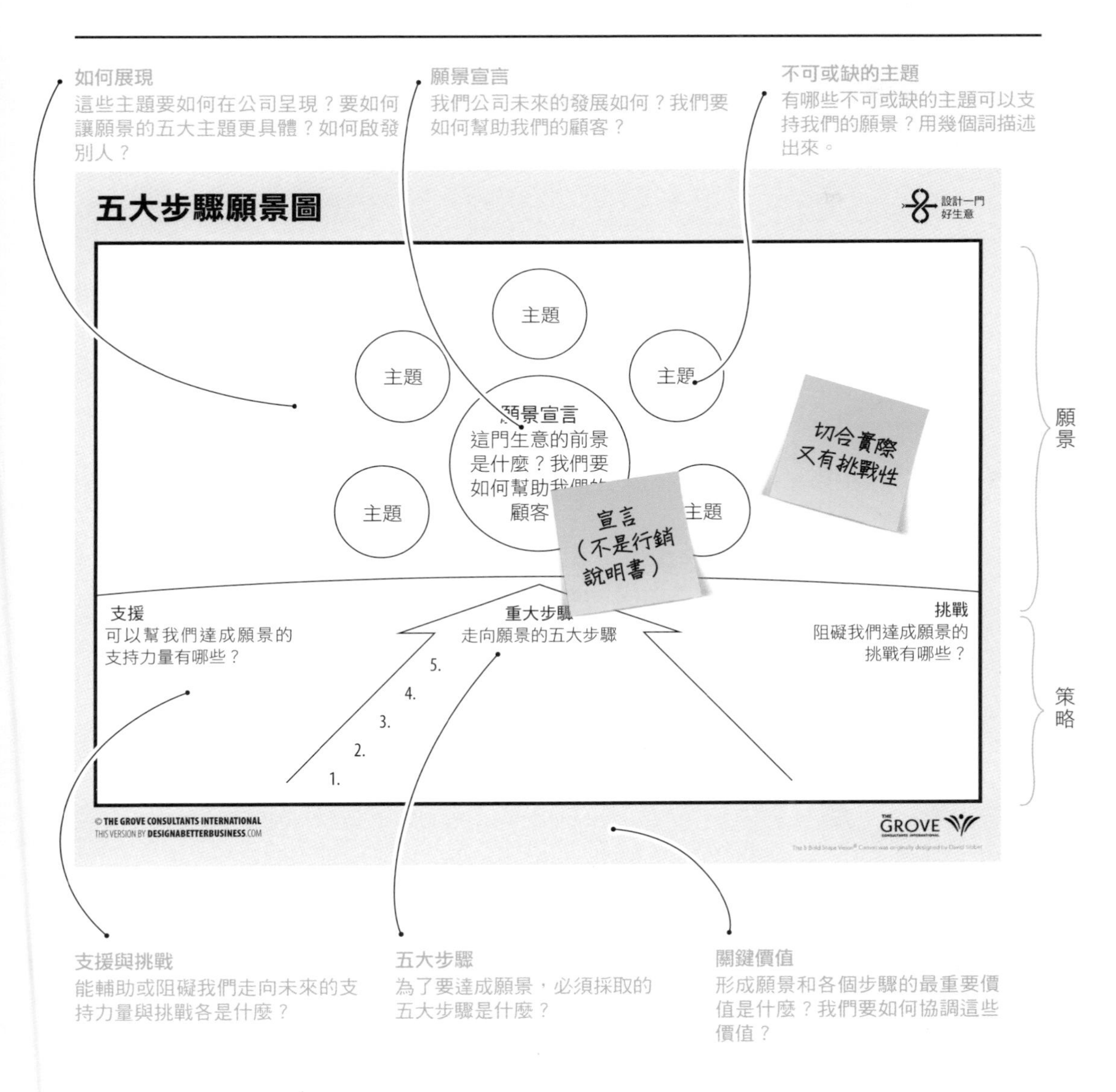

支援與挑戰
能輔助或阻礙我們走向未來的支持力量與挑戰各是什麼？

五大步驟
為了要達成願景，必須採取的五大步驟是什麼？

關鍵價值
形成願景和各個步驟的最重要價值是什麼？我們要如何協調這些價值？

下載
五大步驟願景圖可從以下網址下載：
www.designabetterbusiness.com

檢查表

- [ ] 找出達成願景的五個步驟。
- [ ] 願景宣言要有清楚的主題和實際可行的方法。
- [ ] 過濾篩選準則，用來設計你的商業模式與價值主張。

下一步

> 看看這個願景如何引起其他人的共鳴。

個案 五大步驟願景®ING銀行

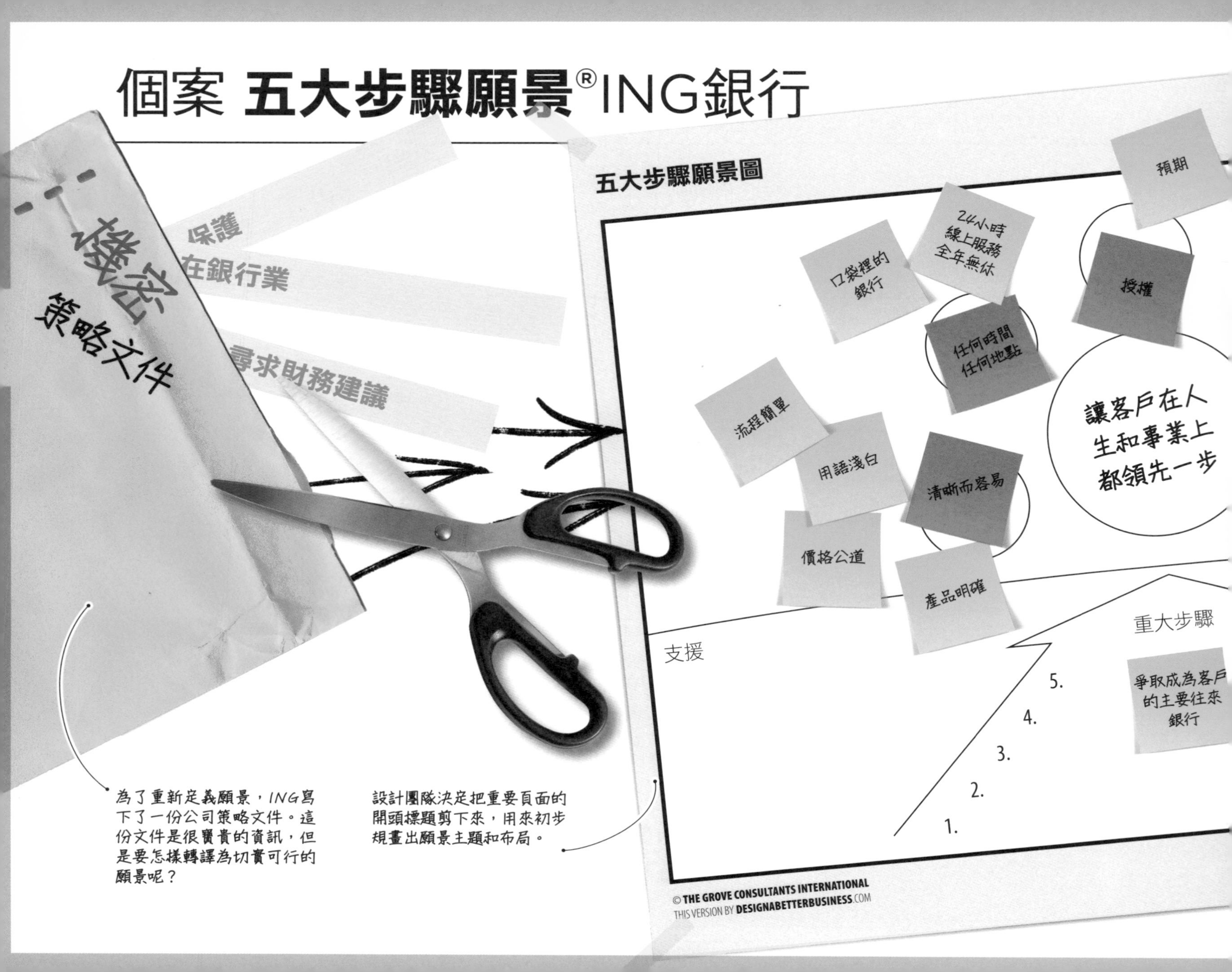

為了重新定義願景，ING寫下了一份公司策略文件。這份文件是很寶貴的資訊，但是要怎樣轉譯為切實可行的願景呢？

設計團隊決定把重要頁面的開頭標題剪下來，用來初步規畫出願景主題和布局。

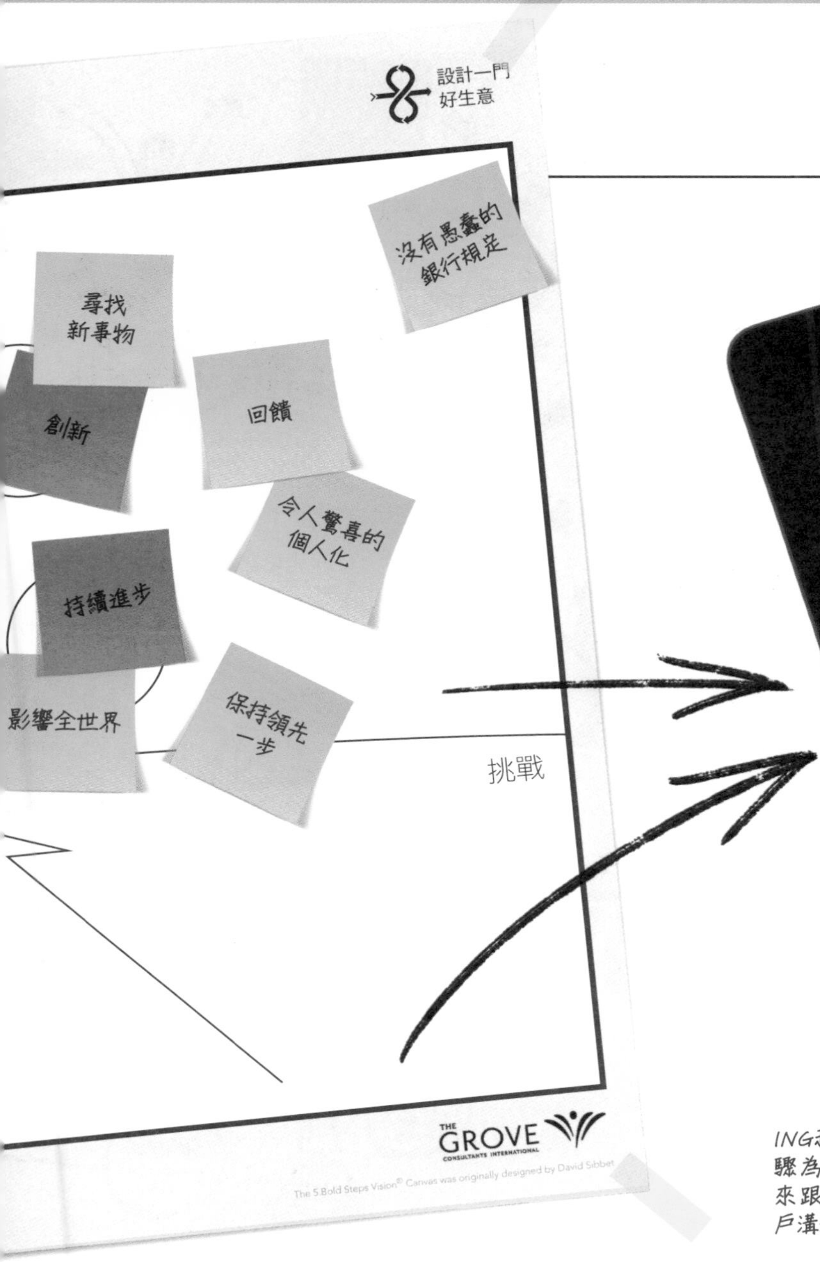

ING利用五大步驟為基礎，用來跟他們的客戶溝通。

願景**圖像化**範例

會議中除了擬出願景草稿，還製作了圖像化的重點筆記。現在它們就擺在辦公室的顯眼位置，讓每個人都能得到啟發。

濃縮於**一頁的願景**

當蘿芙．漢默斯（Ralph Hamers）接任ING執行長時，整個公司都準備好要迎接大膽的新策略。當時剛度過金融危機的各家銀行發現自己正面對著一大批金融科技的競爭者。同時，亞馬遜和串流音樂服務商Spotify所提供的無縫數位經驗，也提高了顧客對銀行業的期待標準。

經過徹底的策略評估後，我們擬出一份長達250頁的計畫。但要如何濃縮，成為可以啟發全銀行人員的東西呢？我們要如何確保每個人都能隨時跟進策略呢？

我們組成了一支團隊，成員來自策略、內外部溝通、投資者關係、人力資源等部門。我們利用五大步驟願景，共同打造出我們的「一頁策略」，把目標和願景串連起來，排出清楚的策略優先順序。這提供了清楚的方向，也確保每個行員不管何時何地都能説明及解釋我們的策略。這個「一頁策略」至今仍引導著我們。

陶樂絲．希爾（Dorothy Hill）
ING銀行策略副總裁

工具 封面故事願景

原創設計者：David Sibbet, The Grove Consultants International

個人
探索你的願景

約45分鐘
壓力鍋

3-5人
小組人數

你為公司（以及你自己）設想出最驚人的未來是什麼？誰的願景最大膽？想像你會如何出現在雜誌封面上。一般人會怎麼講你們？創造出一個封面故事，可以協助你們進入未來的心理狀態。

他們會怎麼寫你？

封面故事願景圖要求的是你和你的團隊，把自己投射到未來去看：那時的世界對你們的成就有什麼反應？提醒一下，這個工具（或許）不會提供你完整且立即可用的願景，但它會逼你在思考時，跳出已知的安全範圍。不然，全世界最暢銷的雜誌幹嘛要報導你的公司？這個願景圖會提供你很多派得上用場的材料，規畫出你的實際願景。此外，因為這個願景圖是具體的、視覺化的，所以能夠引出許多回饋。

雜誌（或電子雜誌）

一開始，一個或多個團隊聚在一起，認真討論一下：一旦達成願景時，你們希望被哪家雜誌相中並報導。這個討論很重要，因為每家雜誌的調性、風格、讀者群都有很大的差異。無論你們選哪一家雜誌，你們都會發現這個討論有趣又激勵人心。

標題

決定了哪家雜誌之後，接下來就要討論標題。你們所能想到的最具啟發性的大標是什麼？你們要如何用自己的創意改變世界（或至少改變你們的組織）？這篇文章會報導你們的主要成就，同時也會詳細敘述你們的出發點，以及如何獲得啟發。標題之後的重點、事實、數字會是什麼？這些都要想清楚。

任何雜誌的封面故事，都少不了訪談的內容。他們會提出什麼問題？你們會如何回答？質疑者會怎麼說？社群媒體又是如何反應？

接下來就是有趣的部分了！也就是畫出你們的封面故事。雜誌是非常視覺化的，所以你們的封面故事也要視覺化。封面會長什麼樣子？要如何吸引讀者（也就是你的團隊）的目光？■

有關封面故事的更多資訊，請參閱：大衛・斯貝特的著作《畫個圖講得更清楚》。

封面

封面要非常醒目。不一定只能貼便利貼，也可以直接用畫的，或者從其他雜誌上剪貼圖片。

標題

想一些吸睛的標題。什麼樣的標題會讓人停下腳步，想讀一讀這篇文章？

重點

整篇報導要歸結出哪些重點？根據這篇報導，你們達成了什麼樣的成就？

封面故事願景圖

設計一門好生意

雜誌封面

大標題

從未有過的大改變

訪談

重點

摘文

摘文要能吸睛

這是真的嗎？

#主題標籤

推特

INSTAGRAM圖片

© THE GROVE CONSULTANTS INTERNATIONAL
THIS VERSION BY DESIGNABETTERBUSINESS.COM

THE GROVE

社群媒體

利用社群媒體和Instagram的照片，為你們的故事增色。什麼樣的內容會讓人在推特上轉發？

摘文

不要只提及正面的摘文，問問自己，你們的競爭者和評論者會做何反應。

訪談

這篇故事會訪問誰？是你的同事？你的客戶？他們在訪談中會談些什麼？

下載

封面故事願景圖可從以下網址下載：
www.designabetterbusiness.com

檢查表

- ☐ 跟同事分享你的封面故事。
- ☐ 把你的願景具體化，做出有吸引力的視覺化封面。
- ☐ 踏出你的（或你公司的）舒適圈。
- ☐ 創造出一個五年內可以實現的願景。

下一步

- 利用五大步驟願景圖，製作你的封面故事。
- 看看這個願景如何引起其他人的共鳴。

描繪願景的妙招

詢問顧客

要用全新的角度、全新的眼光審視你的願景，辦法之一就是請一些顧客協助你進行五大步驟願景圖。他們希望你怎麼做？什麼對他們來說是重要的？當你邀請顧客去思考你的未來時，你會很驚訝的發現他們有多麼樂意！

願景情緒板

收集一批雜誌，把剪刀和膠水傳給團隊裡每個人。如果你們要針對願景做一個情緒板，結果會怎樣？你可以運用五大步驟願景圖的架構（把願景宣言放在中間，主題放在周圍，五個步驟＋價值放在下面）。這個情緒板提供了一個絕佳的對話資料（而且也是一幅美圖），可以做為你們邁向未來願景的起步。

願景雜誌（封面故事）

請你的團隊編出一個有關願景的雜誌報導，收集大家的想法。他們的願景是什麼？有想到什麼主題？

設計一個可以反映出你們未來的封面：你們將會對這個世界造成的衝擊和影響。在公司內部出版並分發這本雜誌。這會是最棒的火種。（參見64頁「封面故事願景」。）

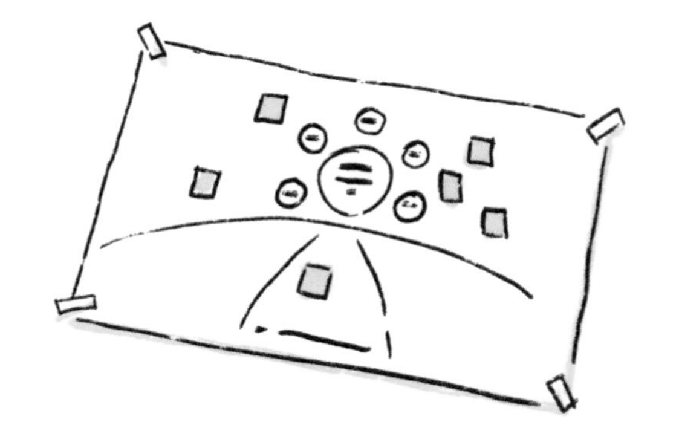

從宣言和主題開始

另一個利用五大步驟願景圖的方式，就是從已經填寫好的願景宣言開始，也包括周圍那些用以支援的主題。團隊的焦點可以轉移到深入探索這些主題，同時每個團隊也必須為自己訂出五大步驟。請參見第60頁的ING銀行範例，讀讀他們的經驗談。

從塗鴉開始

還有個方式，就是給你的團隊一張空白圖，看他們會創造出什麼。大家一起討論，隨時把想法添加到圖上。這是一個很棒的辦法，可以得到額外的見解，設計出更好的願景。

分享你的願景（圖像化）

不論是想發展出一個簡潔的故事，或是當成視覺化的呈現，五大步驟願景圖都是極佳的規畫藍圖（見第60頁的ING銀行個案）。

要建構你的封面故事，最好的方法就是：從願景宣言開始，揭示願景將如何透過每個主題而具體化，說明每個主題會如何呈現，最後解釋你要採取什麼步驟去達到目標。

工具 設計準則

無論你是要設計一個新的價值主張、商業模式，或甚至是針對未來的一整套全新策略，在你所追求的改變中，設計準則就構成了你的原則和基準點。設計準則不是憑空想出來的，而是要把你一路從業務、願景、顧客研究、文化與經濟背景以及思維方式所得到的種種資訊歸納進來。

焦點
定義設計準則

約45分鐘
開會時間

3-5人
小組人數

什麼是設計準則？

別把這些準則想成只是你的點子所具有的一些特徵而已。它們可以、也應該不止如此。比方說，源自你願景的設計準則之一，可能是你所做的生意必須兼顧環保。又比方說，你希望你的顧客能夠開心，這是另一個設計準則。你在業務上的新點子，需要在三年內獲得一定數額的盈利嗎？這也是一個設計準則。簡單來說，設計準則的存在，讓你可以輕鬆判定自己有沒有走對路。

研擬出設計準則

你要找出的設計準則，首先可能來自你和團隊所規畫的願景。你會發現在你們的願景中，有些元素非常重要，完全不能捨棄。這也表示某些元素的彈性比較大（但不是完全一無限制）。要找出願景中哪些元素最重要，就把所有元素分別歸類為「必須有」、「應該有」、「可以有」、「絕對不要」四大類。這樣一來，就能幫你排出優先順序。

接下來就是簡單的部分了（好吧，或許不是那麼簡單，但絕對做得來）：把所有無法折衷妥協的元素歸入「必須有」，其他元素則分別歸入「應該有」或「可以有」這兩類。

在定義設計準則時，你的願景只占其中一部分。其他的元素可能包括收益、你的市場定位、你將會產生的影響，或是你公司的形象。先列出這個準則清單，再根據各自的優先程度，分別歸入「應該有」、「可以有」、「必須有」的分類。

一旦開始進行，你可能會發現有必要微調你的願景，進而採取不同的方向。若是如此，也要跟著調整設計準則，以便配合新方向。此外，當你持續發展你的觀點，可能也要隨時增加或更新你的設計準則。■

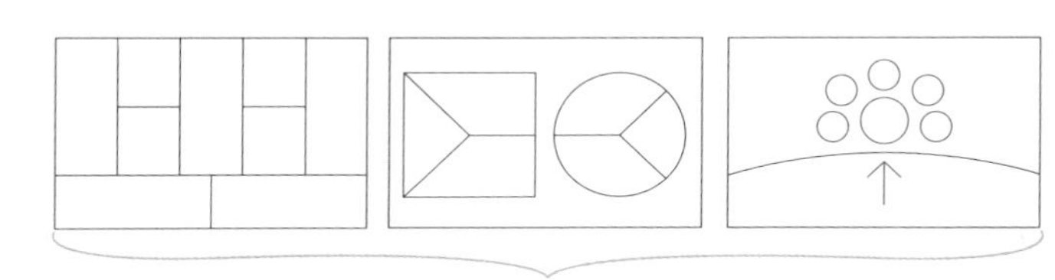

利用商業模式圖、價值主張圖及願景圖的見解，當成研擬設計準則的靈感。

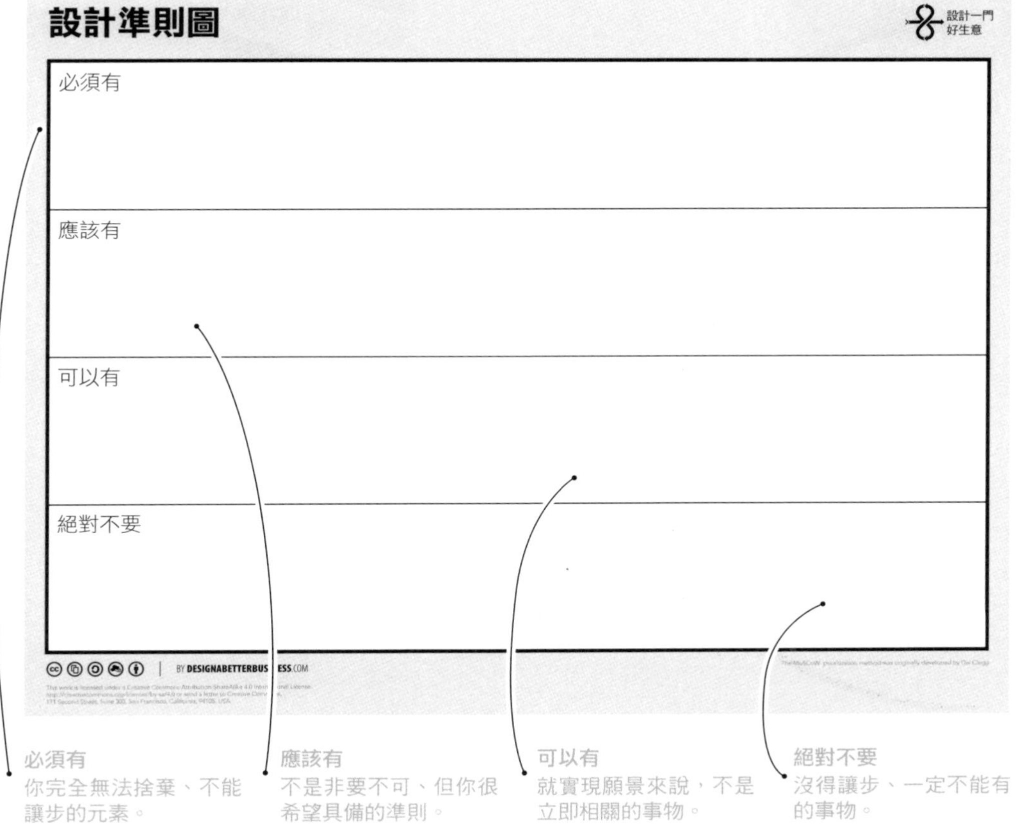

必須有
你完全無法捨棄、不能讓步的元素。

應該有
不是非要不可、但你很希望具備的準則。

可以有
就實現願景來說，不是立即相關的事物。

絕對不要
沒得讓步、一定不能有的事物。

下載
設計準則圖可從以下網址下載：
www.designabetterbusiness.com

檢查表

- ☐ 你已經去除掉不重要的項目（比方用投票的方式），把設計準則過濾了一遍。
- ☐ 已經跟團隊一起將設計準則量化、訂得更明確。
- ☐ 把你的設計準則和願景連結起來。

下一步

- 量化你的設計準則：要符合SMART五原則，即明確（Specific）、可衡量（Measurable）、可達成（Achievable）、相關性（Relevant），以及時限性（Time-based）。
- 再看一次你的設計準則。還是覺得很合理嗎？

範例 **設計準則**ING銀行

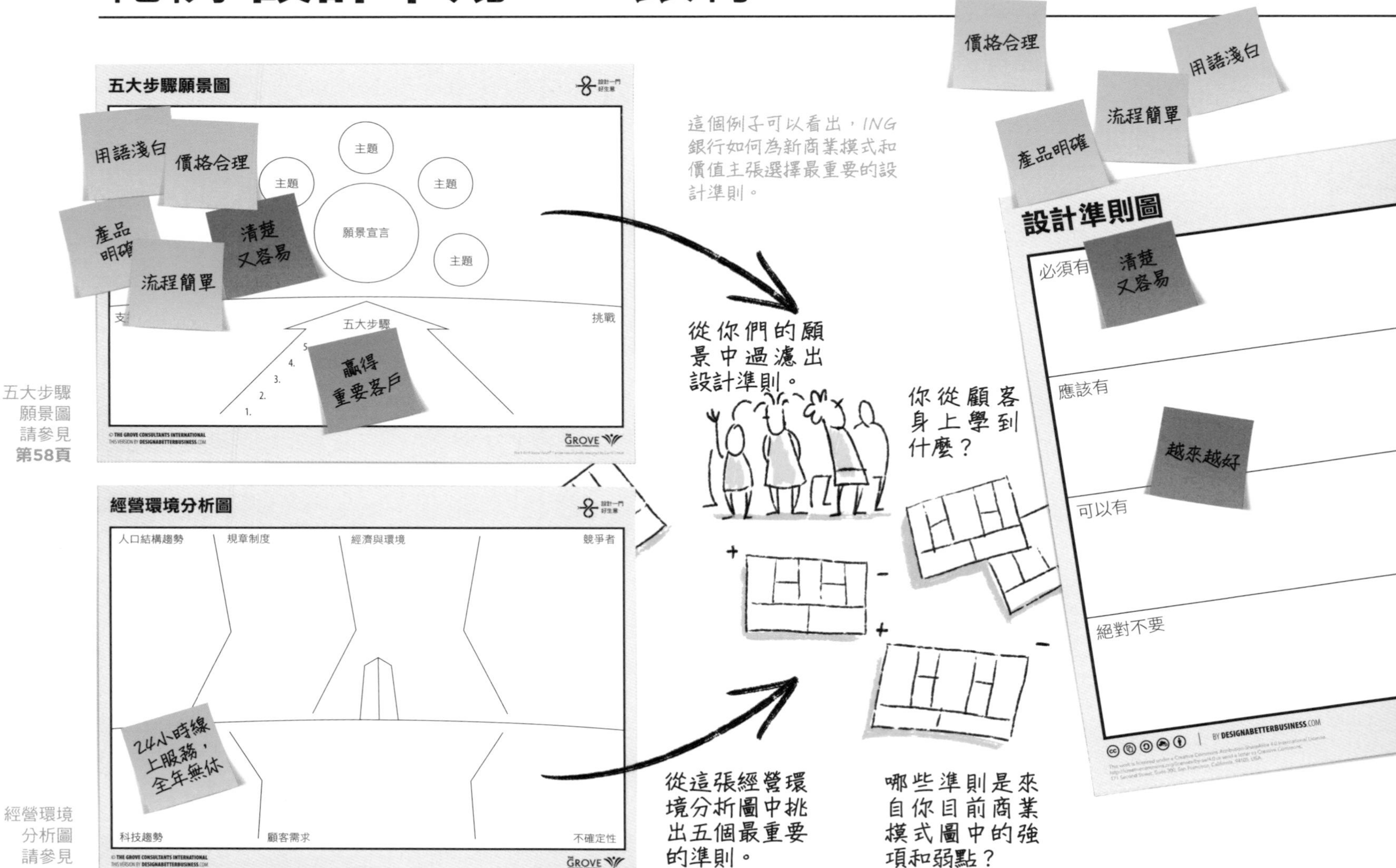

五大步驟願景圖請參見**第58頁**

經營環境分析圖請參見**第110頁**

設計準則會出現在哪裡？
商業模式？或價值主張？

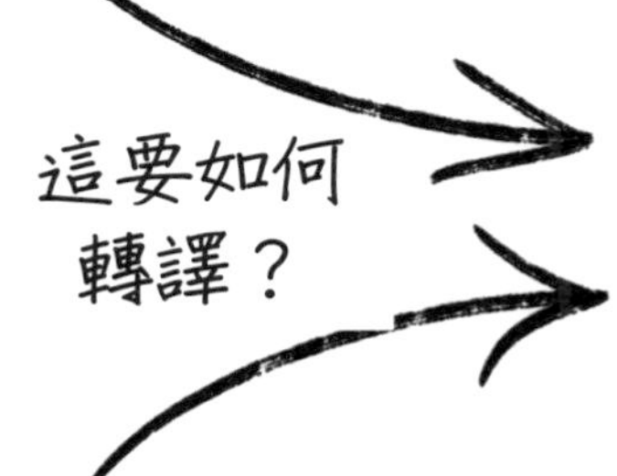

這要如何轉譯？

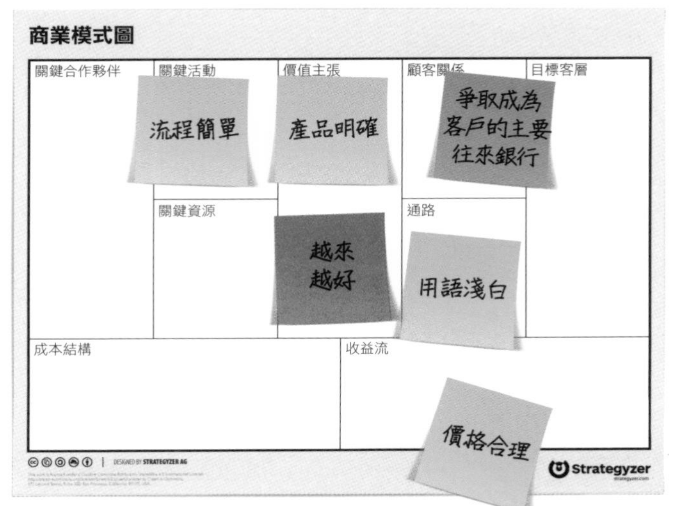

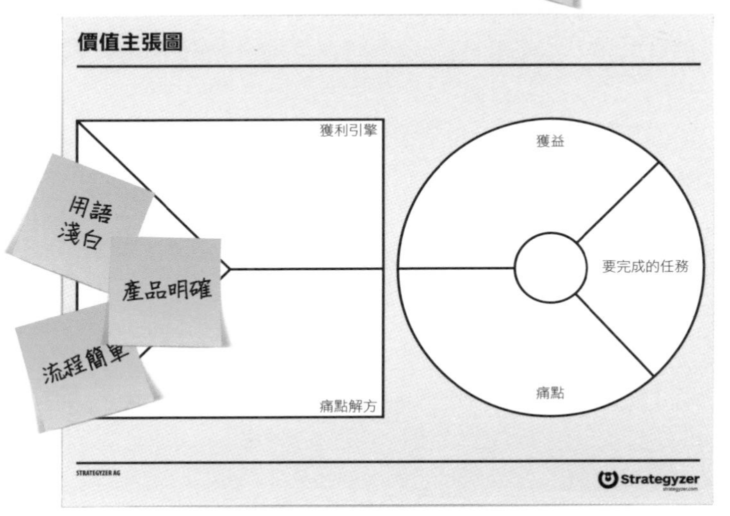

設計準則可以協助你建構腦力激盪會議，並且幫你在日常工作中做出有根據的決策。

是

否

商業模式圖
請參見
第116頁

價值主張圖
請參見
第106頁

介紹 **說故事**

人們每天都在說故事。透過故事，我們可以解釋、探索、吸引及說服他人。在設計之旅中，很多時候你會需要說個好故事。而且，就像你策略中的其他基本元素，好故事也是可以先經過設計的。

說故事是人類的天性

我們天生就會說故事。有些人靠說故事為生，有些人則因為工作或學校埋沒了自己說故事的技巧。媒介工具不能幫你說故事，投影片、email或試算表也無法取代說故事。雖然這些工具可以輔助說出一個好故事，但首先，你必須設計出你想要講的故事。

故事

儘管我們天生就會說故事，但不是每個人都能當下一個海明威。不過有一些訣竅可以讓你說出很棒的故事！故事是可以經過設計的。在此，我們談的是廣義的說故事，從人與人之間的聊天，到很酷的TED式演講，或是推銷產品，甚至是董事會的報告，這些全都是故事。

分享知識

自從有人類以來，說故事就是我們分享知識與資訊的方式，我們的腦子深受說故事的影響。今天，故事依然是傳達想法和信仰最強有力的方式。我們熱愛說故事，也活在故事裡。或許在日常生活裡比較看不出來，但傳遞知識依然是人類基本的生存技巧。

吸引人

神經學研究顯示，聽故事的人腦中被觸發的部位，跟說故事的人腦中被觸發的部位一模一樣！因為故事會觸動我們的情緒和感受，所以傾聽者可以同步「重現」，真正從中學習。這是紙上數字絕對達不到的效果。在暢銷書《創意黏力學》（*Made to Stick*）中，作者奇普・希思（Chip Heath）與丹・希思（Dan Heath）一開始就提出這一點，他們提起那個著名的都會傳說（也就是故事），說某某人有天醒來時，發現自己身在放滿冰塊的浴缸裡，還被切除了一顆腎臟。還記得這個故事嗎？如同希思兄弟指出的，這個故事吸引我們，是因為故事很簡單、出乎意表、具體、可信，而且可以觸動你的感情。

被POWERPOINT搞得無聊到爆

所以，如果我們天生就會說故事，那為什麼還要用PowerPoint把彼此搞得無聊到爆？那是因為，我們大部分人從來沒學會如何設計一個好故事。即使在學校，我們大部分也只學到論文寫作和簡報，而這兩者照說都要不帶情感、要客觀、要有效率地分享資訊，而不是為了要吸引人。

說故事架構圖

我們創造的「說故事架構圖」，可以讓你構建出一個人們願意聽的故事。如果你用的是PowerPoint簡報，大概會缺乏你希望在故事中建立的情感深度和影響。不過，我們設計的故事可以利用PowerPoint當媒介說出來！

就像本書裡的其他工具一樣，說故事架構圖讓你與團隊可以藉由視覺化的、迷人的、有見解的、精心安排的以及啟發性的元素，設計出能引發共鳴的故事。■

關於視覺化故事，更多資訊可參閱：南西．杜爾特的著作《視覺溝通的法則》（*Resonate*）。

小故事**大力量**

故事在所有文化中都扮演了重要的角色，但在職場文化中，卻遲遲沒有將之納入。這是因為老套的制式報告，要比一場精心製作、融合不同故事的簡報來得簡單。

我知道「故事」已經成了一種時髦術語，但在此，我談的是說故事的技巧：用一種有說服力的敘述結構，來傳達你的想法。好的故事需要起承轉合，而且會利用緊張和對比等戲劇原則，推動你的聽眾進入一個完全不同的思考、情感及反應狀態。

南西．杜爾特（Nancy Duarte）
作家、杜爾特設計公司執行長

工具 說故事架構圖

創作者：Thirty-X

設計自己的故事時，務必要了解的一點是：故事一定有個目的。你希望你的聽眾知道些什麼、感覺到什麼、聽完之後會做些什麼？你的目的必須嚴格篩選：一個故事裡只能有幾個重點。

具象的
形成一個故事

約45分鐘
壓力鍋

3-5人
小組人數

你的聽眾

除了知道自己要達成什麼目的之外，你還要了解你的聽眾是什麼樣的人。他們關心什麼？他們為什麼要聽你的故事？不同的聽眾需要不同的故事，不能全部套用同一個！你可能甚至要利用價值主張圖的右半邊，或是一張人物側寫圖（persona canvas，針對代表使用者所創造出來的背景描述）來描繪聽眾的特徵。測試你的假設：在設計及述說故事時，再回頭去看看人物側寫圖，將你學到的資訊一路更新。

之前和之後

為了讓一切有意義，你的故事應該在某方面改變你的聽眾。等你講完故事後，他們的信念、情感或知識，應該會有所轉變。

在聽故事之前，聽眾對你的目的有什麼感覺？他們在乎嗎？你講完故事後，會希望他們有什麼想法？關鍵在於，你要從聽眾的角度去看。

找出可能改變聽眾心意的論點，並確保你的論點合情合理，又不違背道德。你的「證據」是什麼？有例子嗎？趣聞軼事呢？找出那些會引起聽眾共鳴的內容。

情緒的雲霄飛車

好的故事不會是單調的直線發展，而是有高低起伏。現在你要考慮的是，如何設計出你自己的情緒雲霄飛車。高潮點在哪裡？那裡就是你切入主題的時候。

三幕劇結構

就像大部分的好故事，說故事架構圖要分成三部分：開始、中間及結尾。開始是設定場景，中間要為故事加入血肉，而結尾則是你想留給聽眾的：一個新的心境。把論點、例子、趣聞軼事穿插在其中。另外，在這三幕裡要分別注入一點幽默感。現在再看一次這個情緒雲霄飛車。都按照你的想法安排好了嗎？或者你想改一下？

在組合故事的各個片段時，另一個要考慮的，就是必須適應不同聽眾的傾聽習性。先滿足理性的、有條理的聽眾，他們想趕緊弄清楚你在講什麼，好決定要不要聽下去。但是，也別忘了其他的聽眾。感性的聽眾比較有耐性，但他們需要情感上的刺激，否則就會覺得無聊。把這些元素都安排妥當，你就有一份故事藍圖了。■

主旨
你這個故事的標題和主旨是什麼？

目的
你想達成什麼目的？你為什麼要說這個故事？

能量
你能預測聽眾的情緒雲霄飛車走向嗎？他們何時最high？

聽眾
你的聽眾是誰？用人物表勾勒出他們的特徵。

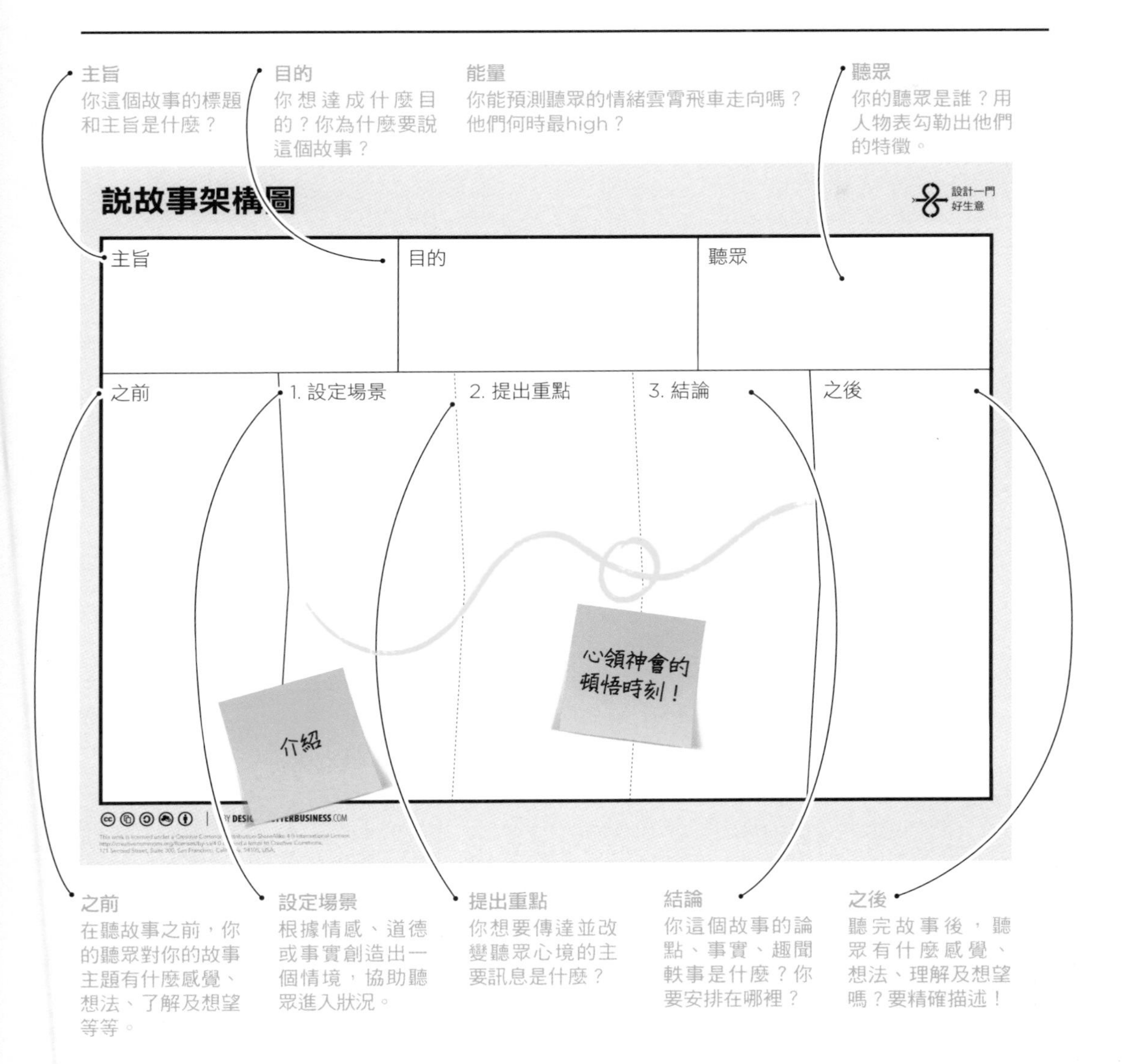

之前
在聽故事之前，你的聽眾對你的故事主題有什麼感覺、想法、了解及想望等等。

設定場景
根據情感、道德或事實創造出一個情境，協助聽眾進入狀況。

提出重點
你想要傳達並改變聽眾心境的主要訊息是什麼？

結論
你這個故事的論點、事實、趣聞軼事是什麼？你要安排在哪裡？

之後
聽完故事後，聽眾有什麼感覺、想法、理解及想望嗎？要精確描述！

下載
說故事架構圖可從以下網址下載：
www.designabetterbusiness.com

檢查表

- ☐ 你對聽眾的想法和感覺已有清晰的概念。
- ☐ 你已經準備好清楚的理由，去提出你的重點。
- ☐ 你有個強有力的結論，為故事收尾。
- ☐ 你知道說故事時如何駕馭聽眾的能量。
- ☐ 你知道有可能會碰到什麼陷阱，也準備好備胎計畫。

下一步

- 測試你的故事。
- 視覺化及圖像化。
- 測試節奏和能量。

工具 **用視覺元素說故事**奧迪汽車

奧迪（Audi）汽車有個團隊想推動一個創意計畫，他們必須得到公司內部的支持。汽車產業的變化快速，他們必須加緊腳步，搶時間說服公司。因此，他們要說的這個故事很重要。以下就是他們準備的方式。

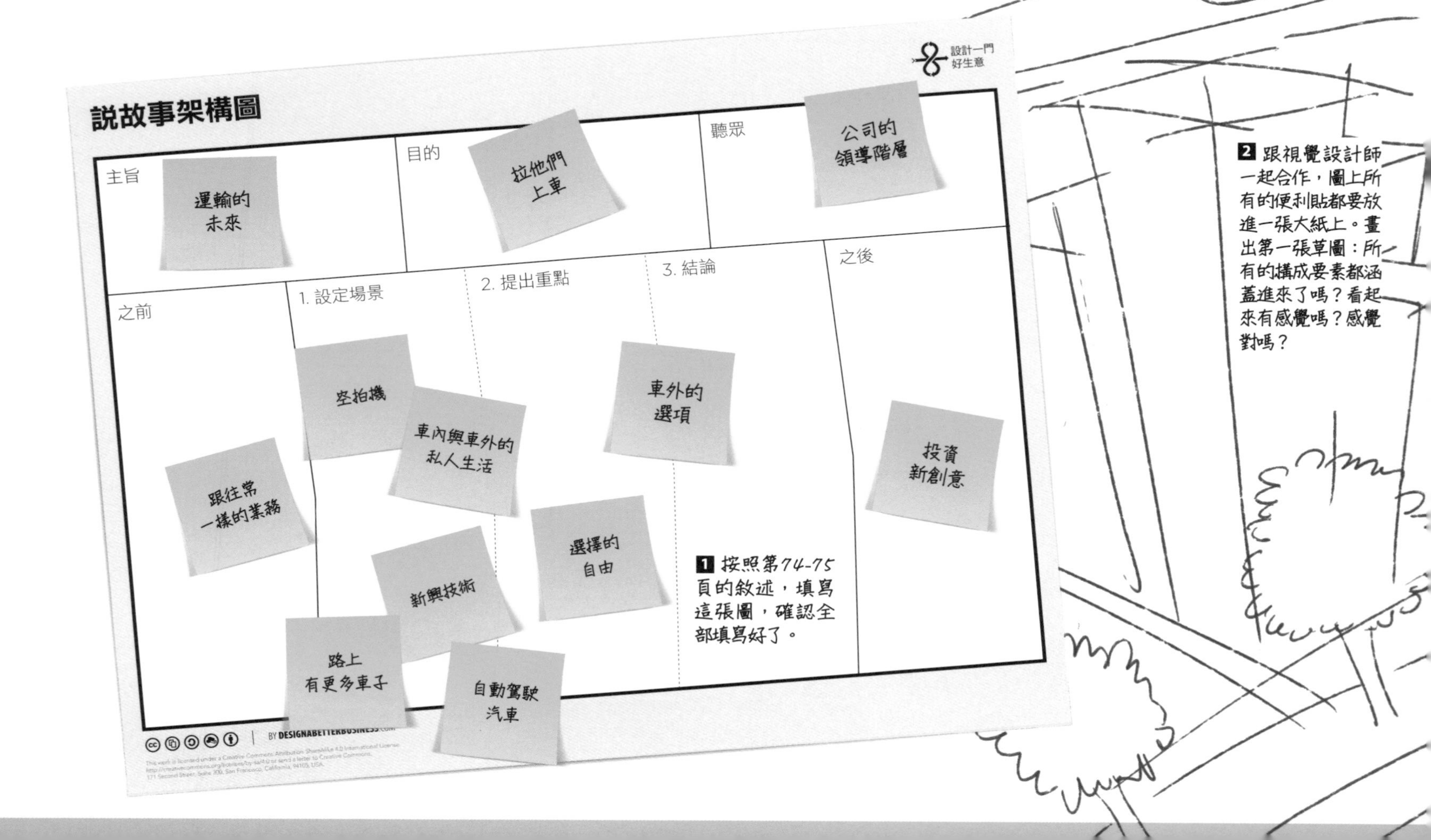

3 完成草圖。這會是一份很棒的對話資料，可以具體表現並分享你的故事。奧迪的團隊選擇用一張大圖來說故事，但你也可以使用一組圖像、一段動畫，或是用投影片來做簡報。

說故事妙招

心領神會的頓悟時刻

就像是腦海中有火花乍現，聽眾恍然大悟的那個瞬間必須由他們自己創造出來。把這個瞬間想成是一則笑話，你可以安排好一切，然後在最適當的時機說出這個笑話，但要是過度解釋，就沒有人會笑了。你的主旨應該就是個頓悟時刻。切勿過度解釋。

警告！

如果你是在跟一個投資人做投售簡報，那麼故事的聽眾就未必是你產品的客戶。相較於你的客戶，你的投資人有一整套截然不同的需求。

利用演講者備忘稿

當你要公開說故事時，請利用演講者備忘稿。這麼一來，就不必完全按照投影片去講故事，而且感覺也會比較自然。

試演

單人脫口秀的喜劇演員為了表演成功，往往會排練很多次。對著鏡子排練只是第一步，試演是不一樣的。

找幾個人來聽聽你的故事。看他們何時會被你吸引，何時會覺得困惑，何時會失去興趣？

利用道具

除了必須適應不同的傾聽習慣之外，你也要考慮到聽眾吸收資訊的不同方式。有些人比較視覺傾向，善用道具可以協助你充分表達論點，同時提供這類聽眾一些相關的視覺元素。

結束就是真的結束了

故事一說完，就讓它到此為止。留在台上繼續講一些不相干的話，會讓你的聽眾混淆。他們會記住的是你講的最後一件事。想想看，那會是什麼？

有個備胎計畫

說故事時有可能會慌張，而且不見得能按著計畫走。事先想好幾個備胎計畫，好在狀況不妙時使用。利用救援卡片，事先計畫好！

把聽眾當明星

你說故事時，不是說給自己聽，而是要說給大家聽。務必把他們當成故事裡的明星。

文化差異

如果你對一群不同的聽眾講話，尤其是在不同文化的環境中說故事，免不了會碰到文化衝擊。先前很管用的例子和笑話，聽眾有可能毫無反應，例如在歐洲使用美式足球的比喻就行不通；而在大英國協之外談板球也一樣。在說故事之前，先測試一下吧。

英雄之旅圖

設計一門好生意

1.尋常世界
設定場景

2.歷險的召喚
英雄意識到自己需要改變

3.拒絕召喚
英雄不理會召喚，
因為……

4.遇見良師
某個人或某件事，讓英雄
相信改變是可能的

5.跨越門檻
英雄採取行動，
得到初步的成功

6.試煉、同盟、敵人
進展變得困難，
獲得意想不到的資源

7.前進
英雄開始前進，來到埋
藏著知識的危險之地邊緣

8.考驗、死亡與重生
英雄終於克服最困難的試煉，
整個脫胎換骨

9.獎賞
英雄現在學會了一套辦法，
可以更輕易地複製成功經驗

10.返鄉之路
英雄克服了相繼而來的
種種考驗

11.重生
英雄認知到自己倖存了下來，
並且獲得了新知識

12.帶著不死藥歸來
英雄帶著人人可用的
新知識凱旋而歸

尋常世界
真實的世界

上升

下降

特殊世界
神話的世界

BY DESIGNABETTERBUSINESS.COM

英雄之旅圖

每個電影中的英雄命運，都遵循著一條特定的路徑：剛開始一切順利，接著遭遇重大挫敗（通常出現在電影中段）。這種敘述英雄故事的橋段，是絕佳的指導方針。請運用英雄之旅圖，去安排所有的構成要素。■

下載
英雄之旅圖可從以下網址下載：
www.designabetterbusiness.com

延伸閱讀：
喬瑟夫・坎伯《千面英雄》
（Joseph Campbell, *The Hero with a Thousand Faces*）

現在你已經……

- 擬好你的願景
完成**召喚** P58
- 有了你的第一套
設計準則 P68
- 設計好你的故事
造成影響 P74

接下來的步驟

- **觀察與提問** P88
認識（潛在的）顧客
- **走出辦公大樓** P102
測試你對願景的假設
- **了解你的價值** P106
你現在要如何為你的顧客
創造附加價值？
- **了解你的經營環境** P110
你現在（想）操作的生意，
是在什麼經營環境下？

重點歸納

當個**反叛分子。**

對你和你的團隊來說，
願景是一種召喚。

願景**不等於**願景宣言。

設計準則是
改變的標竿。

利用說故事去
啟發與擴展。

是喔，好吧，老兄，那只是你的意見而已。

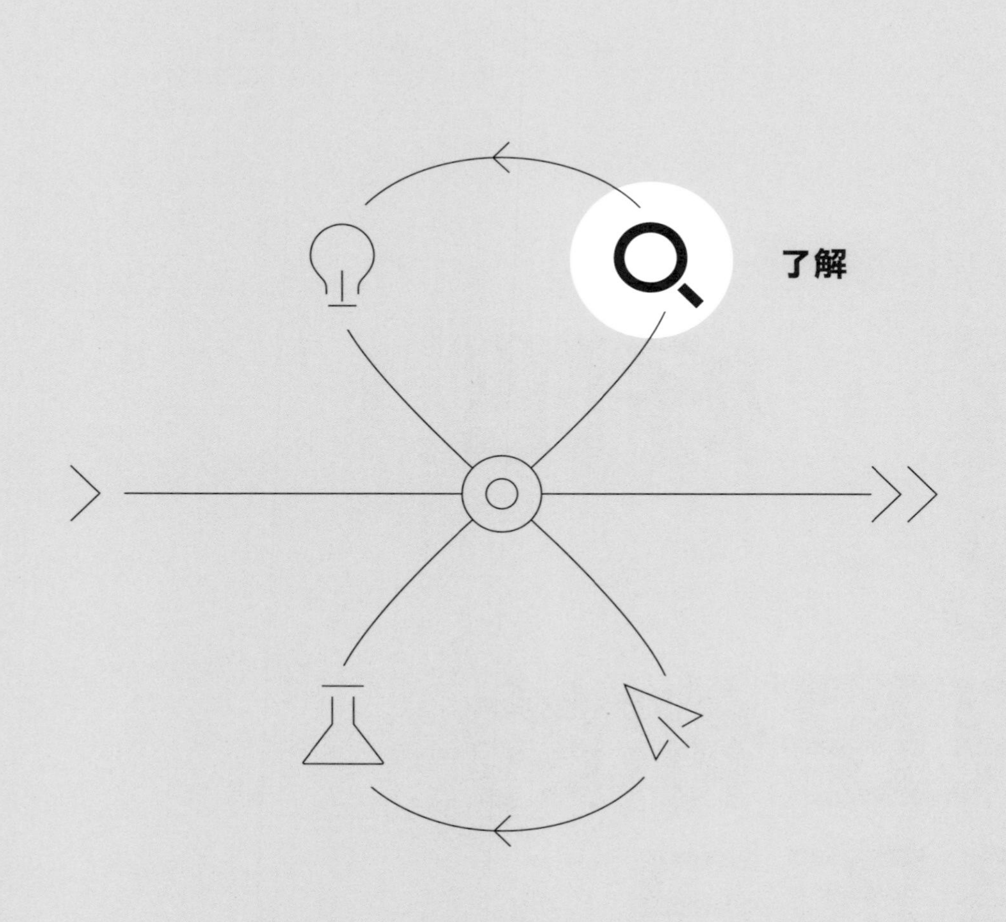
了解

設計之旅 **了解**

了解**你的顧客**

了解**你的經營環境**

了解**你的生意**

設法了解

無論你是要為公司設計出一場變革，或是為其他人設計新產品，你所開發出來的東西，都是為了你的組織內外的人。但除了這些人之外，還有更廣大的環境，這個經營環境就跟你的商業模式一樣重要。了解這些，你的設計才能成功。

你現在的位置在哪裡？

身為設計者，你必須完全了解你工作的這一行。無論你是在新創企業、營利公司或非營利組織，都是如此。你必須了解你的顧客、所有的經濟背景（包括趨勢、法規、競爭等等），以及你自家公司的內部機制。這一切就組成了你公司的DNA。

為什麼這件事這麼重要？最大也最有效率的企業變革、策略及創新，都是因為能找出隱藏在眾聲喧譁之下的答案，而在某些情況中，這些答案極可能在你的舒適圈之外。如果不走出舒適圈，自己去看一看，你怎麼會知道外頭有什麼呢？

偉大設計的祕訣，就在於掌握了解事物的技巧。設計者會主動離開自己的舒適圈，探索並實驗一些可能被其他人批評為「無效的」、「無用的」的事物。而當他們在舒適圈外投注了時間，其實是為自己開創了一個更大更多元的舒適圈。他們眼中的世界會變得更豐富多彩，而且他們也更可能發現令人興奮的新角度，進而影響他們的觀點。

但是，探索不只是想出很酷的點子而已。探索你的經營環境和商業模式，都將有助於找出你企業中潛在的強項和弱點。比方說，了解你的客戶為什麼也會去跟你的競爭對手買東西，能夠加深你對自己這一行的了解。事實上，幾乎可以確定的是，你顧客的需求並不是你現在所想的這樣。深入探索你的顧客、經營環境，以及你所在的產業，可以帶來新的見解，從而讓你更清楚該如何創造出對自己有利的未來。

你的藉口是什麼？

要走出去探索可能不太容易。想到要離開舒適的辦公大樓，就覺得很可怕，因為辦公室裡的每個人都會跟你說「好」，不會對你有太多意見。畢竟，公司的內部報告看起來都很不錯啊！尤其大公司更是如此：為了完美地執行業務，導致大家對現有的觀點太過重視。當你可以把世界迅速劃分為「適合」和「不適合」，或是「對」與「錯」，做起事來就會比較容易。這種態度會很輕易的附加在個人聲譽上，但這樣是危險的。一向正確的人可能其實正好相反，而有膽量犯錯的人則遭到排斥。問問你自己：你要的是正確，還是成功？探索所需要的真正成本通常很小：往往只需要一些時間，如此而已。身為設計者，如果碰到人人都說好、人人意見一致的狀況時，就是一大警訊了。你應該一切照舊，或是去探索外頭的世界？這兩者之間應該取得平衡。

別緊張！

在適應這個探索新方法的過渡時期，你會覺得不確定和緊張，這是很正常的。想要蒐集衝突及定性資料，需要一個新的思考方式。很重要的一點是，先不要做任何分析和判斷，先花點時間稍微觀察一下再說。否則你會很想立刻用既有的角度，套在新的資訊上頭。

漸漸的，你會逐漸學到如何利用新見解和新資訊。走出舒適圈的你會發展出一種直覺，在舒適和不舒適之間找到平衡。你將會體驗到源源不斷的新資訊，包括這個世界如何影響你這門生意，以及顧客的行為、他們的困難、他們的好惡。你對你的顧客、你的經營環境及你的企業觀察得越仔細，就越能掌握自己的觀點，你的設計之旅也會更順暢。一切就是這麼簡單。■

了解你的顧客

說到底，你最應該了解的，就是你的顧客。如果不知道他們重視什麼價值，你就不可能跟上他們的腳步。自以為了解你的顧客，是很危險的事。走出你的辦公大樓，找出他們的需求吧。你不會後悔的！

了解你的經營環境

另一個有必要去了解的，就是你所在的產業。影響你這一行的關鍵驅動力是什麼？趨勢是什麼？政經情勢有什麼預期的變化？有什麼重大的未知因素？這一行還有哪些同業？有哪些競爭者和新加入者？世界隨時都在改變。身為設計者，你必須跟著改變才行。

了解你的這門生意

要做出你所尋求的改變，就必須足夠了解你這門生意是怎麼運作的。你如何創造價值？誰是你的顧客？弄懂自己的生意好像簡單到不必用腦子，但在實務上，任何行業的引擎到底是如何實際開創、傳遞、獲得價值，並不見得是那麼清楚的。如果你可以掌握並定義你的生意如何運作，你就能拆解其他的商業模式，例如其他競爭者的商業模式。拆解別人的商業模式，並不是為了盲目追隨他們的腳步，而是要了解他們如何用其他方式解決問題。

掌握觀察之道

觀察會影響你如何去思考你的顧客，協助你更了解他們。觀察會滲透到你的觀點之中，協助你驗證或推翻自己的假設。但就像任何事一樣，觀察周遭的世界也有正確的方式，以及不那麼正確的方式。

設想一下這樣的狀況：你拿著一杯咖啡或茶坐下來。你會怎麼打開糖包？不用急著回答，你可以先繼續往下看。我們稍後再回來談糖包。

觀察會影響你思考顧客的方式，協助你更了解他們；觀察也會改變你創新的方式。但是，就像任何事情一樣，觀察你周遭的世界也有正確的方式，以及不那麼正確的方式。

你會去觀察你的對象（你的潛在顧客），目的是要查出他們隱藏的需求、渴望以及追求的目標，而他們可能根本不曉得自己有這樣的需求或想法。這不足為奇，因為人們有時根本不曉得自己想要什麼。跑步的人只是為了要保持健康嗎？或許，也有人跑步是為了週末吃披薩時不會有罪惡感。每次都觀察一會兒，盡量在不同場合進行觀察，你可能就會搞清楚了。

成為牆上的一隻蒼蠅

觀察時，不妨把自己想成牆上的一隻蒼蠅，你要觀察人們在自然棲息地上的狀況，找出他們生活中的關鍵時刻。你的顧客每天都需要做決定，這就是最重要的時刻。畢竟他們的決定不光是讓他們去做今天的事情，也會影響他們明天選擇做什麼。而且，就像研究人員不會告訴受試者他們吃的是安慰劑，你也不該告訴你的觀察對象你想從他們身上知道什麼。你就只是觀察著。你會希望你觀察的對象舉止自然、毫無察覺，彷彿你不在場似的。

不要空手出門

若要走出去觀察你的顧客，得事先規畫一下。首先，動身之前，要先定義你的觀察對象。你打算要觀察的是什麼樣的人或活動或行為？另外，要預先挑選你想觀察的環境或地點。你的顧客在每天不同的時間，會出現在哪裡？這當然很關鍵，因為

一般人在一天的不同時間，會從事不同的活動。比方說，如果你想觀察運動的人，就要在早上或傍晚去公園、健身房或田徑場等等。別忘了帶著記錄工具，你可以寫筆記、拍照、速寫，或錄製影片。否則事後要是忘了那些關鍵時刻就太可惜了，或者更糟糕的，你無法跟你的團隊分享。

最後，當你開始探索和觀察時，別把你的觀點和假設帶出門。不要批判，要盡量置身事外。對了，還有，關於那個糖包的問題，答案是：先搖一搖，再撕開。■

不要空手出門
帶著工具去錄影、寫筆記、錄音、速寫，把你的發現記錄下來。這麼一來，你會更容易記住每個小細節，也更容易跟你的團隊分享。

像個**設計者一樣思考**

你可以學習像個設計者那樣思考和工作，目的在於轉換不同的觀看角度，以找出解決方案。身為一個設計者，有三個最重要的觀點：你的觀點、你公司的觀點，以及顧客或社會的觀點。當我的團隊投入設計工作時，我們必須知道顧客的觀點。我要確保我們和顧客是目標一致的。這包括要去了解你的顧客正為了賺錢而投資他們的時間、金錢及精力。如果團隊成員缺乏這樣的共識，一起進行設計之旅就沒有意義了。

「設計思考」這種解決問題的方法論，如今的重要性更勝以往。現在這個時代，設計、靈活度、有彈性及應變力的重要性與日俱增。世界變化越來越快，其中之一，就是人們取得資訊的管道越來越多，當然分享的資訊也更勝以往。知識一度是商業中最重要的特質，但現在，在不確定中尋找及發現機會的能力已經凌駕於知識之上，成為企業人最重要的特質。

凡貝羅（Ad van Berlo）
VanBerlo集團總裁

掌握提問之道

要了解你的顧客關心什麼、為什麼關心，除了觀察，最重要的就是問他們問題。提問不但能讓你對顧客的生活有更完整清晰的了解，也會影響你的觀點。就像觀察一樣，想從提問中獲得你渴望的獨特見解，有幾個簡單的規則必須遵循。

針對你所看到的提問

觀察顧客在日常生活中的狀況，會得知很多相關的資訊：他們平常做什麼、關心什麼，以及做什麼決定。然而，光靠觀察，未必知曉他們為什麼會做那些決定。事實上，觀察顧客而不向他們提問，最後會導致錯誤的假設。

比方說，先前那個渴望吃披薩的跑者，你在得知他每天跑步的真正原因之前，必須先觀察他頗長一段時間。你甚至可能會根據他跑的不同路線，得出一些新的假設。但是，如果你攔下他或碰到他時，問問他的這個生活習慣，就很可能會推論出跑步（以及披薩）對他的意義。藉著先前你觀察他跑步期間所蒐集到的資料，再加上提問，就可以勾勒出更豐富的人物側寫——讓你更深入了解他每天跑步的原因。

問對問題

提問的重點不在於答案，而是在於問對問題。問對問題總是能引出有趣且生動的對話。那麼，我們要怎麼問出「對」的問題呢？當你真的很想了解當下的狀況，就要避免問是非題或有明確答案的封閉式問題，同時要避免提到產品。這樣做，你才會有一個你來我往的更好對話，最後還可以問出真正重要的核心。

只要時間許可，你觀察和提問的對象最好是相同的顧客。先觀察，從他們的行為（而不是意見）去蒐集資料。接著，針對他們所做的選擇提問，包括為什麼他們要這麼做。然後，再繼續觀察。

在上面提到的例子中，你可以直接問那個跑者喜歡吃義式香腸披薩或夏威夷披薩，但你也可以直接觀察他點什麼口味的披薩（如果你想了解為什麼他會喜歡某種口味，就得跟他講話了）。

經驗法則

- 人們會為了講出你想聽的話，而跟你撒謊。
- 意見毫無價值。意見會隨著不同情境而改變，而且沒有提供任何實質證據。
- 人們知道自己的問題在哪，但他們不知道要如何解決。
- 有些問題其實不重要。對一把錘子而言，所有東西看起來都像釘子，但不是每個問題都需要解答。
- 觀察某人如何做事，你就能從中看出哪裡有問題、哪裡無效率，而不是顧客自以為的那樣。■

這是爛問題：

✖ 你認為這是個好點子嗎？

只有市場才能檢驗你的點子好不好。其他的都只是意見。

✖ 你會買一個有ＸＸ功能的產品嗎？

像這樣的問題，得到的答案幾乎都是Yes。

✖ 你願意為ＸＸ產品付多少錢？

跟上一個問題一樣爛，而且很可能會誤導你，因為數字會讓人覺得精確又真實。

這是好問題：

✔ 你為什麼要做這件事？

從察覺到問題，進展到真正去提出問題！

✔ 其中的含意是什麼？

幫對方從各種煩惱中釐清真正的問題。

✔ 詳細告訴我上回發生什麼狀況。

你的高中作文老師可能跟你說過，好的故事應該「要用各種手法烘托，而不是直接講出來」。

更多參考資料，請參見羅伯．費茲派區克的著作《先過老媽那一關》。

人人都會**撒謊**

有人說：想知道你的創業點子好不好，不要去問你老媽。因為你老媽會跟你撒謊（只因為她愛你）。事實上，你問的每個人或多或少都會撒謊。重點在於，你不該問任何人這個問題，因為問了也是白問。他們沒有責任告訴你實情；但你有責任去找出實情。

羅伯．費茲派區克以他自己的（負面）經驗，寫出了這樣一本書《先過老媽那一關》（*The Mom Test*）：「我們花了三年打造社群廣告技術，把投資者的錢花光光。我用了好幾個月的時間跟顧客談話，然後才發現，自己完全做錯了！」

在這本書裡，他指出，想問出正確問題，就要遵照以下三個簡單的法則：

1. 去談**顧客的生活**，而不是談你的點子
2. 要問關於過去的**細節**，而不是關於未來的空論或意見
3. 少說、**多聽**

羅伯．費茲派區克
（Rob Fitzpatrick）
「創業者中心」創辦人
《先過老媽那一關》作者

恍然大悟的那一刻

一家專門製造兒童用品的大製造廠，指派一支團隊去探索他們顧客的體驗旅程，這才恍然大悟，明白了原來這趟旅程的起點，要比一般傳統的假設早很多。父母開始計畫添購兒童用品，並不是在小孩出生的那一刻，而是在發現懷孕的那一刻，或甚至在此之前！將顧客的體驗旅程記錄下來，讓這支團隊終於開始處理這個議題。

第一印象

荷蘭有家大醫院的團隊開始採用設計思考時，就決定要親眼看一下求診者去他們醫院就醫的體驗之旅。他們帶著照相機，沿著患者的路線走。除了發現地下停車場暗得令人無法置信、難以辨識方位外，他們還注意到患者停車時第一個看到的，就是一家速食餐廳的廣告看板。那完全出乎他們原先的預期！

看一下我的病歷，笨蛋！

某診所的醫生以為，他們的病人最受不了的就是看病要等很久。有個醫師就問病人這一點，那個病人說：「這個我倒是不在意。不過，下回我預約好來看診的時候，拜託你先看一下我的病歷。還有，我的名字不是蘇珊！」

學習街頭智慧

有家保險公司假設市場上還有很大的缺口，於是擬定了一個大計畫要填補這個缺口。但是首先，他們要先挑戰這個假設是否為真。於是，他們派兩個人帶著一部照相機騎摩托車出去，在一個小時內盡可能收集到路人的各種反應。當他們把計畫拿給客戶看，這些潛在顧客們未加修飾的「第一反應」，讓他們不得不重新考量原先的假設。

購物的矛盾

一家新創企業想設計一個app，協助母親們在買雜貨時有更輕鬆更好的購物經驗，但這家企業的創辦人需要更多深入的理解，才知道到底該如何設計。

首先，他們去找潛在顧客談她們購買日常用品的習慣，然後實地觀察這些人購買的經過，最後再將兩者予以比較。

儘管那些媽媽原先都對自己的日常購物習慣言之鑿鑿，但結果真相並非如此！原先被問到時，所有媽媽都說她們會買健康的或多功能的產品，但等到她們走進店裡，大部分的人都放棄了原先的採購清單，優先考慮價格和折扣！

重點不在這些無傷的小謊言，而是，如果你想得到真正的資訊，觀察與提問（必須問對問題）缺一不可。顧客講的話不能盡信！

幫老奶奶打掃屋子？

有家老人照護公司擬出的關鍵策略，是調降打掃房屋的每小時收費。但是在拜訪過幾個老奶奶之後，他們發現，真正的價值所在，是讓老奶奶們有被照顧的感覺，而不只是打掃屋子。

於是，這家公司決定不降價，改為贈送iPad給老奶奶們。這樣一來，她們就可以跟孫子輩聯絡，還能透過該公司的app預訂服務。

只要你願意正視，真相就在你眼前。

設計思考如何幫你了解你的顧客

wavin

CONNECT TO BETTER

個案研究：威文管道系統

顧客跟你想的不一樣

我不相信再蓋一座工廠能幫我們改善營業結果。我想探索更多選項，即使這表示要逆勢而行。

威文（Wavin）是一家製造塑膠管的大型廠商（採企業對企業的B2B經營型態），生產的塑膠管主要用於排水和供水，多年來在土耳其市場有舉足輕重的地位。2013年，該公司的市占率下降，跌出前三名。威文一向把塑膠管當成商品看待，要競爭只能靠價格。公司的執行長問：我們要如何重新奪回知名市場領導者的地位？

理查．凡．戴爾登
（Richard van Delden）
供應鏈與營運部門執行董事

2013年8月：威文想成為土耳其市場的領導品牌。當地管理團隊接受指派的任務，要擬出一個營運計畫書。

2013年9月：威文想在伊斯坦堡附近蓋新工廠。現在的工廠在阿達納市，離土耳其人口最多的城市伊斯坦堡太遠。土耳其管理團隊認為，在伊斯坦堡蓋新工廠，就能讓威文回到市場領導地位。

我們蓋間工廠吧！

執行長給出這樣的挑戰後，土耳其的銷售團隊分析了一些數字，得出一個他們認為可行的解決方案：蓋一座新工廠。從銷售團隊的觀點來看，蓋一座新工廠，在更靠近伊斯坦堡這個成長中的市場製造水管，可以讓公司在價格上更有競爭力。為了尋求支持，銷售團隊提出一份營運計畫書給執行長理查和財務長，急著要把這個計畫落實。

更多產能？真的嗎？

理查：這份營運計畫書說要花六千萬歐元蓋一座新工廠，我第一次看到時嚇呆了。裡頭詳細描述，一座蓋在伊斯坦堡的工廠可以用更低的價格生產並銷售水管。在更靠近主要市場之處設立工廠，真的能幫我們搶回市占率嗎？這個選擇對我們的利潤會有什麼影響？業務人員相信，必須在

威文**發現**新未來

2013年10月：執行長發出一份內部工作備忘錄，表示要把焦點放在顧客身上。

當理查和街上的一個水管工人談過後，發現沒有一個水管工人熟悉威文這個品牌。

2013年10月：完整性檢查！倘若威文去跟顧客談談，知道他們工作上需要解決的問題是什麼，這個資訊就能創造出更多選項，增加公司的市占率嗎？

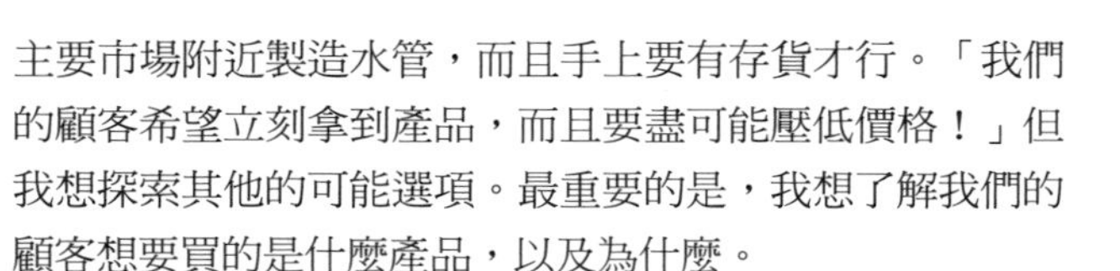

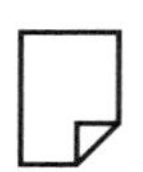

主要市場附近製造水管，而且手上要有存貨才行。「我們的顧客希望立刻拿到產品，而且要盡可能壓低價格！」但我想探索其他的可能選項。最重要的是，我想了解我們的顧客想要買的是什麼產品，以及為什麼。

我們不懂顧客的心

理查：有一天，我在阿姆斯特丹停車時，剛好經過一處建築工地，看到裡頭有威文的產品。我設法去跟工地裡一個鋪設水管的包商攀談，他說：「我的客戶要最好的品質，但他們不曉得有威文這家廠商。」我靈光一閃：「我們不懂顧客的心！」

完整性檢查

理查和財務長安德烈斯（Andres）大膽決定，先去了解顧客真正想要的和需要的是什麼，再決定下一步要怎麼做。

顧客田野調查

為了從顧客身上學習，威文的土耳其員工組成了一支團隊，加上理查和安德烈斯，一起去拜訪各個工地，觀察顧客在自然（工作）棲息地的狀況 。經過一星期到處拜訪工地後，這個團隊蒐集了很多很棒的深刻見解。然後他們發現，如果用錯設備和材料，水管工人的完工品質就會出現很大的落差。這個團隊也發現，經銷商很歡迎各品牌在店內舉行品牌說明活動。另外，同樣重要的是，經銷商做的不光是販賣和配銷而已，他們在聯繫水管工人方面也扮演了一個重要的社交角色。當威文團隊向水管工人、承包商和經銷商提出更多問題後，他們發現了背後隱藏的知識，刺激他們提出了更多的問題。

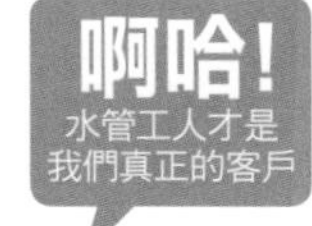

走出辦公大樓。威文的一個特別小組開始顧客田野調查，親自去建築工地。他們觀察並得知水管工人和裝配工人所面對的狀況。

2014年1月：威文發現機具承包商不是他們的顧客，所以無法提供價值主張給他們。但是水管工人就完全不是這樣了。

最後，威文做出艱難的決定，取消了興建工廠的計畫，因為新工廠無助於他們達成目的。這也表示，原先參與規畫工廠的團隊成員有多失望。

2014年6月：威文創辦了他們在土耳其的第一所學院。現在他們有了證據，知道自己真正的顧客是誰，也知道如何為這些顧客創造價值。威文準備好要把這個學院推廣到其他地區。

原來如此！（顧客跟你想的不一樣）

在造訪過工地之後，這個團隊邀請了一些顧客到伊斯坦堡的一家飯店，針對這個團隊所想出來的各種點子提供意見。這些水管工人對於威文想幫他們把工作做得更好、提高施工品質所做的努力都非常感興趣。這個團隊最重要的發現，就是比起低價，水管工人更想要專業的教學影片、產品使用手冊，以及能夠直接聯繫威文專家的管道。提供這些服務可以讓威文更有競爭力，讓顧客的施工品質更好。對威文團隊來說，這才算是一個豁然開朗的時刻。他們利用這個珍貴的洞見設計出一個社群導向的新路線：藉由知識（和茶點）的分享，協助顧客成為更好的水管工人。這個路線後來發展成了（免費的）威文學院。

分享知識

威文學院的第一個原型證明這個主意可行，於是威文的專案團隊決定在土耳其阿達納市（Adana）的生產基地創辦威文學院。幾個月後的2014年6月，學院正式開幕。「當時有七千多人去了學院（參見臉書網頁），」該地的總經理歐亨（Orhun）說，「當初加入土耳其團隊時，我就知道這個方法能跟顧客做更好的互動。我們教他們，也從他們身上學習，彼此之間建立了更好的關係，那是新工廠辦不到的。簡單說，我們對顧客來說變得更重要，他們對我們來說也變得更重要。我們從未想過有這個可能。」»

以下是觀察與訪談期間所做的一份速寫紀錄。

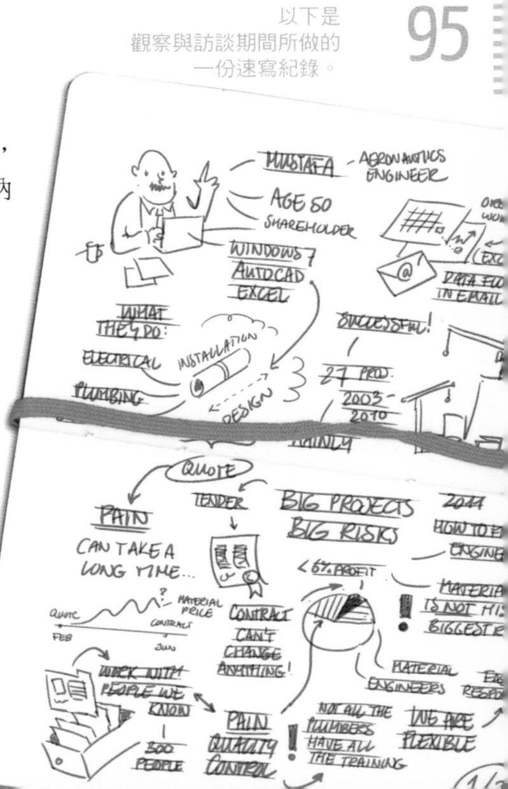

訪談時，要問觀察目標的問題範例。

這個故事帶給我們的是……

理查：儘管蓋新工廠可能會是提高土耳其市占率的一個好方法，但我們也發現，建廠計畫依據的是我們對市場的假設，以及我們對顧客的工作、需求及渴望的假設。我們知道還有其他選項也值得探索。所以，我們沒有把時間花在開會辯論這個選項好不好，而是決定先去驗證我們的假設是否為真，從我們的顧客身上獲得第一手情報。於是，我們走出了辦公大樓。

比起外包給顧問公司去做市場研究，我們自己動手能學到更多。去顧客的工作地點拜訪他們，我們發掘出背後的意義和脈絡，並根據我們所得知的狀況，想出了更多的新問題。而這些問題的答案，當然也讓我們對顧客和土耳其的配管市場有更深入的洞見。此外，我們也跟使用我們產品的水管工人建立了長遠的關係。

最終，我們投資了幾十萬歐元創辦了第一所威文學院，而不是花幾千萬歐元興建一間新工廠。現在，我們在更接近顧客的伊斯坦堡設立了一個配銷中心。而且，有了威文學院，我們也就有了一個實體空間可以跟顧客互動，從而強化威文在他們心目中的品牌形象。設計思考，現在成了我們企業的核心。■

全新的土耳其威文學院。這個學院非常成功，是日後在世界各地開辦威文學院的一個典範。

水管工人喜歡威文協助他們把工作做得更好。

了解**顧客**

從前從前有一家企業。這家企業真的很了解他們的顧客，所以他們的產品和服務很受歡迎，企業也開始跟著成長。然後經理人加進來了，流程設定了，制度也就定位了。慢慢的，好奇心消失了，取而代之的是效率。

有一陣子，這家企業都一直運作良好：顧客持續買他們的產品，價值主張也持續符合客戶需求。但是接下來有一年，公司的營業額開始暴跌。所有經理人都不明白問題在哪裡。整個狀況發生得實在沒道理：電腦試算表從來沒預測到這種事會發生。根據經理人所知，顧客應該還會繼續買他們家的產品才對，沒想到竟然不是如此。這家公司變得太自滿了，無可救藥地跟顧客脫節了。

我們都見過這種故事

事後諸葛，我們可以輕鬆地說出這種經營企業的方式不對。但這種事天天都在發生。商業書和報章雜誌不乏這類故事：一度知名的公司因為無法改變而破產，它可能是大型零售店、唱片公司、電信公司、出版社等等。所以，為什麼有些企業會淪為過時系統與流程的犧牲品呢？

大企業總是跟未來趨勢脫節。

//葛蘭特．麥奎肯（Grant McCracken）
文化人類學家

整理及歸納你對顧客的了解是一種自然趨勢，這樣知識才能擴展，做決策也變得更容易。歸納出這樣的系統不是壞事，只要能參照今天的現實狀況，持續調整這個系統就行。但調整靠的是人，而不是系統。

敢於發問

我們把責任託付給有所專精的經理人，然後退縮不敢發問，因為擔心自己講出什麼無知的話。然而歷史證明，抱著設計心態勇敢並堅定地提出問題──例如「為什麼」和「要是……會怎樣？」──是發現和創新的基礎。

除了對專家太言聽計從之外，我們也對在顧客面前要表現得像個專家太過在意。去問他們問題，感覺起來就很尷尬又可怕。要是顧客再也不信任你了呢？你不是應該什麼都懂嗎？他們以後還會繼續買你的產品嗎？

有趣的是，幾乎所有案例都證明事實恰恰相反。向顧客提出真誠的問題（不是要賣他們東西或炫耀知識），真心想了解他們是什麼樣的人、需要什麼，你的顧客會覺得他們受到重視。

每個人都會撒謊（即使不是故意的）

實際觀察相當重要。學著去了解肢體語言、臉部表情及行為，有助於你把狀況看得更清楚。這也是為什麼身為設計者的你，一定要親自出馬。你要自己面對面訪談，要觀察對方的行為。讓自己的腦子跟顧客接軌，直接看出模式。套用費茲派區克的說法，就是：「觀察某個人如何工作，你就看得出來問題和無效率在哪裡，而不是顧客自以為的那樣。」

關於費茲派區克的說法，請參見第88頁。

養成習慣

對設計者來說，觀察和提問是日常習慣。當你開始更留意周遭的世界時，就會發現到不同的細節和更隱密的訊號。藉著提問而非陳述，你會變得更加好奇。你的腦子也會適應這種新的好奇心，開始在觀察、提問、分析之間做出更有趣的連結。

你會開始看到別人忽略的細節。你的直覺會增強，而且你會看到顧客自己都可能沒發現的需求。■

先打電話就是了！

我們正在跟一個居家照護公司合作。這家公司的執行長想到了一個新的目標客層：醫院。她原先打算做兩個月的紙上研究。我們告訴她別等了，最好立刻就去了解這個新客層。換句話說，不要仰賴紙上研究，直接去跟顧客進行實際的對話。

我當時就站在她旁邊，建議她打電話給一個本來就認識的醫院執行長。或許她感覺到有點壓力，只好當場打電話給那個人。結果對方接到她的電話很高興，邀請她過去吃午餐。

他們的午餐之約相談甚歡，她還得到了一些顧客方面的深刻見解，了解到自己原先沒有搞清楚客戶真正的需求。只是一頓午餐的時間，她就省下了好幾個無效率的紙上研究，以及無數個小時的分析時間。她不但獲得了更好的機會，得到了新的洞見，也深耕了一個寶貴的顧客關係。

瑪凱．杜瓦耶（Maaike Doyer）
策略設計師

工具 顧客體驗旅程

個人
畫出顧客的深刻見解

約45分鐘
開會時間

3-5人
小組人數

在你試圖解決顧客所碰到的問題時，可以用「顧客體驗旅程」這個工具來協助你察看、追蹤、討論顧客實際的體驗。這個問題或機會如何出現在他們的生活中？他們有何感受？他們如何跟你互動？

把顧客體驗繪製成圖

把這趟旅程繪製成圖，可以讓你更深入了解顧客對一個產品或服務的實際體驗，以及如何提供他們更好的服務，或甚至讓他們開心。尤其是當你跟顧客一起共同創造這趟旅程，或是協同顧客驗證你的假設時。旅程中的周遭狀況是什麼？顧客從頭到尾有什麼感覺？這個體驗在哪些時點最有可能改進？

非線性

顧客體驗旅程是非線性的。一個顧客有可能因為很多因素，從一個階段跳到另一個階段。他們會跟某些接觸點有互動，某些接觸點則跳過。身為設計者，你有責任去了解顧客的這些接觸時刻，以便日後替他們設計出更好的產品或服務體驗。這個工具會協助你用顧客的眼光，去審視你的產品或服務。

當然，沒有一個顧客體驗旅程能夠走遍全程，而且事前都要有一些假設。繪製顧客體驗旅程圖根據的是你團隊的知識和洞見。這個工具會協助你從顧客觀點去了解與探索。

回到現實

顧客體驗旅程圖有助於將事情具體化。透過把旅程繪製成圖，你可以找出顧客在哪裡被困住、在哪裡有很棒的體驗，以及為什麼。跟你的團隊一起使用這個工具，你們將可以達成所謂的「低果先摘」，亦即找出能立竿見影的部分先下手。一旦你們把顧客體驗旅程圖完成後，就可以把顧客田野調查、訪談及回饋所蒐集到的實際資料加進來。這樣你就可以依照現實狀況，做出有根據的決策。

顧客體驗旅程對每個人都很重要。你的團隊、公司的每個人，都有必要去了解你們公司顧客的體驗是什麼、他們的感受如何、他們遇到的困境是什麼，以及你們能如何改善這個體驗。最優先的目標是：解決顧客的問題，讓他們高興。■

角色
你要幫什麼顧客建立這個旅程？一開始先界定好顧客角色，務必精確（例如姓名、年齡、職業、婚姻狀況）。

接觸點
跟顧客的不同接觸點是什麼（例如商店、網路，或是透過線上研討會、電話、信件，或是合約）？

顧客體驗旅程圖

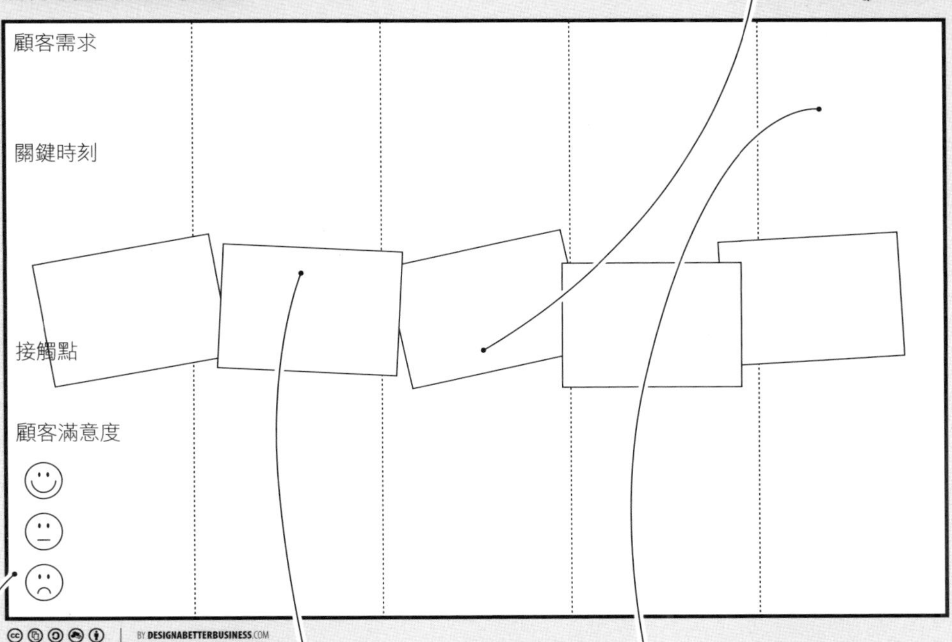

心情
顧客在這些關鍵時刻的心情如何？他們是開心、挫折，還是生氣？原因是什麼？

時間線和階段
在旅程中找出至少五個關鍵時刻（令顧客印象特別深刻的接觸點）。時間有多長？顧客每一步的體驗是什麼？此時，這段旅程已經進行多久了？不要搞得太複雜：跟顧客測試一下（見第86頁），看看要修改哪些部分。

顧客需求
在每個階段中，顧客想完成什麼任務？比方說，如果你的顧客是打算找出他們想打交道的公司，我們就有必要去了解每個不同的接觸點。在每個接觸點，顧客有什麼問題？

下載
顧客體驗旅程圖可從以下網址下載：
www.designabetterbusiness.com

人物可從以下網址下載：
www.designabetterbusiness.com

檢查表

- ☐ 角色夠精確嗎？
- ☐ 這個旅程完整嗎？有任何遺漏的接觸點嗎？
- ☐ 問問自己，這個旅程真正的起點和終點在哪裡。
- ☐ 你已經想不出還能補上哪個類型的角色了。

下一步

› 進行一次顧客田野調查（見第102頁）來驗證你的假設。

範例 顧客田野調查

顧客田野調查是接觸顧客最好的方式：去他們平常會待的地方認識他們。不過先忍著，不要立刻就找他們講話！先觀察他們日常生活的狀態，你會學到最多，然後再進行訪談和問問題。要留意！你的顧客可能會跟你撒謊。

1 採取正確的思維方式

田野調查的關鍵守則，就是事前做好準備。而準備工作的一部分，就是填寫顧客體驗旅程圖（見第100頁）。你想測試哪些假設？你想解答哪些問題？要確定有適當的團員同行，每個人都要抱持著好奇的心態。你要明白及警覺，你既有的心智模式（你對事物如何運作的理解）會影響你的認知。事先做好準備，接下來你才能有偏離的餘裕。

2 從最明顯的開始

不知道該從哪裡開始？要找哪個顧客訪談？哪裡是好地點？從最明顯的開始：訪問現有的顧客。如果你現在還沒有顧客，那就去找競爭廠商的顧客。重點是觀察或訪問時，沒有所謂「完美」的顧客人選：一開始一切都是新的，無所謂好或壞。

3 自己做做看

有時候，光是在一個地方觀察顧客還不夠。為了能充分了解他們所看到和體驗到的，或許值得你自己去走一趟他們走過的路。只要抓本筆記簿，加上一台相機或手機，然後循著顧客會走的路線走一趟。你看到了什麼？有什麼有趣的事？想更有趣的話，那就要求顧客自己也走一趟，記錄下他們的體驗，或者找一個顧客跟你同行。

4 要尋找什麼

採訪或觀察時，要密切注意那些跟你預期中截然相反的事情。設法追問出顧客如此回答的原因。他們的想法和感受，可能會啟發你獲得新觀點和新知識。你要試著去找到「正常」、「異常」及「例外」的樣本。因為今天的1%，可能會是明天的100%。

5 記錄資訊

記錄下所見所聞的一切，只要可能，就要一路拍照、錄音：先聽，再分析！記錄資訊時，可以用「豐富圖」（rich picture）表達你的想法。不要刪節或略去那些看似不適合的東西，事後再來做分析。當你建構豐富圖時，可以開始將資訊分類整合，把定性和定量的資訊兜攏一起看，你的腦子才能看到更大的格局，產生更多靈感。

6 做決策

跟團隊成員一起複習那些蒐集來的資訊。投票決定哪些是重要的，並決定要不要更深入再進行另一次田野調查。在這種往復式流程中，當你發現整張豐富圖不再變動時，就到了該做決定的時候了。把你的豐富圖跟你在展開顧客體驗旅程時的想法比較看看，兩者有什麼差別嗎？你需要修正你的觀點嗎？

介紹 **價值主張**

優秀的商業模式和策略奠基於了不起的價值主張；而了不起的價值主張則聚焦於顧客需要完成的任務。克雷頓．克里斯汀生（Clayton Christensen）發展出這個「待完成任務」（jobs-to-be-done）的理論架構，有助於在商業環境中檢視顧客的動機。

傳統的行銷技術教我們要依照顧客的屬性（年齡、種族、婚姻狀態及其他特性）來加以分類。然而，這個方法最終創造出來的產品類別，都太聚焦於公司想賣什麼，而不是顧客真正需要什麼。

奧斯瓦爾德、比紐赫及史密斯（Alex Osterwalder, Yves Pigneur, Greg Bernarda, and Alan Smith）的著作《價值主張年代》（*Value Proposition Design*），描述了如何創造顧客想要的產品與服務。

要評估顧客在生活中出現了什麼新狀況，不見得很容易。顧客很少會根據他們所屬類別的「一般」顧客行為，去決定他們要買什麼，但他們通常會為了解決生活裡遇到的某個問題而買東西。這就是克雷頓．克里斯汀生所説的「待完成任務」的理論架構，也是價值主張最管用的地方。

如果能了解顧客為了完成什麼「任務」而去「雇用」一個產品或服務，你的公司就能更精確地開發及銷售針對顧客量身打造的產品和服務。

有個方法可以把你的觀點公告出去，並探知顧客需要完成的任務是什麼，那個方法就是在真實的生活中去觀察顧客。藉著觀察顧客的行為，你將能得知他們需要解決的問題。開始之前先問自己：什麼是「你自己」要完成的任務？你的目標是放在既有客層或是新客層？這將會決定你在做價值主張圖（見第106頁）時的焦點要放在哪裡。了解顧客側寫（價值主張圖的右邊），了解價值地圖（價值主張圖的左邊），然後看清楚你究竟是要提出一個解決問題的方案，或是一個符合市場需求的產品。

價值主張圖協助你設計並驗證顧客的任務。

產品VS.需求

你是需要一把電鑽，或是需要在牆上鑽一個洞？你是需要一個機器人，還是需要加快生產速度？你是需要安排一場葬禮，或是需要一個尊榮的告別儀式？

大部分的公司都是以產品為中心，但其實我們不該把焦點放在產品上面。產品之所以存在，是為了幫顧客解決問題。一旦你了解顧客的問題是什麼，你就能把創新的任務做得更好。

比方說，串流音樂服務商Spotify意識到大部分人感興趣的，不在於「擁有」音樂，不是「擁有」唱片或ＣＤ。他們甚至不想花工夫在自己的硬碟上儲存音樂。簡單一句話，他們只是想聽音樂而已。因此，下載一首歌和線上聽同一首歌，兩者的差別就變得模糊不清了。但不模糊的是，人們想要取得音樂的管道。「只要我能隨時隨地聽到小賈斯汀的歌，從哪個管道聽又有什麼差別呢？」■

以**人為中心**的服務

在英特爾（Intel），我們試著採取一種真正整合性的創新觀點。身為一家地位獨特的科技公司，我們把最棒的創意和方法融會為最好的解決方案，去迎戰我們所面臨的種種挑戰。我們是最底層的引擎，橫跨許許多多不同的時空環境提供數據處理的動力，而且這些環境正在以極快的速度擴張中。

由於範圍太大了，我們充分利用各種社會科學和面對面的訪談，去了解人們生活中的各種情境，以及科技如何與社會及文化的動力彼此影響。我們也利用各種工具協助我們了解種種複雜的系統，借鑑生態學等各領域的理論，以探索網路中相互依賴的因子如何彼此影響。

有鑑於我們許多創意必須變成可持續的商業模式，於是我們利用《精實創業》（*The Lean Startup*）和《獲利世代》（*Business Model Generation*）兩書中的創新工具和流程，去精練並改良我們尋找、發現及測試新價值與新商業模式的方式。說到底，真正重要的還是了解人類的需求，而且能夠解決有意義的問題。

漢斯廷－伊佐拉
（Muki Hansteen-Izora）
英特爾實驗室資深策略師

工具 價值主張圖

想真正了解你的顧客，包括他們需要完成的任務、想解決的問題、遭遇到的痛點及想取得的好處，還有你能提供給他們的服務與產品，由策略管理與創新顧問公司Strategyzer創辦人奧斯瓦爾德（Alexander Osterwalder）所開發的價值主張圖，就是協助你的最佳工具之一。

焦點
了解你的價值主張

約45分鐘
壓力鍋

3-5人
小組人數

永遠從顧客開始

填寫價值主張圖時，永遠都要從顧客開始著手。當然，你可能服務（或想要服務）許多不同的客群，所以你們團隊的第一個任務，就是站在一個超然位置去討論誰是你們真正的顧客，再據此決定要針對誰來做設計。每個客群都要做一張價值主張圖，所以你們可能需要填寫好幾張。

多問幾個「為什麼」

決定好顧客是誰之後，你們團隊就要利用便利貼和麥克筆開始詳細寫出顧客要完成的任務。你的顧客每天都要完成哪些社交性、情緒性或功能性的任務？某些功能性任務你大概曉得，但你也同時必須查出他們怎樣完成這些任務、有什麼感覺、中間還有哪些社會品質在發揮作用。比方說，有位家長的任務是開車送小孩去上學，但可能同時他也有讓小孩準時到校、確保他們在學校有飯吃、確保他們看起來不會被排斥（社會地位有可能很重要），以及讓小孩有被疼愛的感覺等等任務。多問幾個「為什麼」，你就能得到這些資訊。痛點（pain）通常是最容易查到的。一個人要完成任務的阻礙是什麼？大部分第一次使用價值主張圖的人，最難以掌握的是獲益（gain）。獲益不是痛點的相反，而是人們背後的意圖，不只是解決顧客的痛點那麼簡單。這時，問出正確的問題就很重要。你的顧客真正渴望去做、但現在沒辦法做的是什麼？回到之前家長開車送小孩上學的例子，或許那個家長的目的是希望自己的小孩或家人覺得他像個英雄，或是為了看到自己的小孩人生一帆風順。如果你覺得，「獲益」感覺上有點存在主義的意味，那大概是因為重大的獲益通常就是如此。

你的任務

最後，等你填完了價值主張圖的右邊，就繼續填寫左邊。首先，列出一些你想到的解決方案。你可能已經想到了一些，或者需要開個創意發想會議（詳見下一章）。等這些都安排妥當後，你就要決定如何利用這些解決方案，以你的顧客能產生共鳴的獨特方式，去處理他們要完成的任務、痛點及獲益。

多利用這張價值主張圖幾次，將有助於你用不同方式去思考顧客以及你能提供給他們的解決方案。此外，做得好的話，你的顧客對於為什麼要雇用你來滿足他們的需求，也會有全然不同的想法。■

獲利引擎
你能為顧客提供什麼產品或服務，好幫他們實現自己的獲益？要具體（無論是質或量）。

獲益
什麼能讓你的顧客快樂？他或她期望什麼結果？什麼會超出他們的預期？思考社交利益，以及功能上或財務上的獲益。

角色
他／她是誰（例如職業、年齡）？這個人是買家、使用者，還是決策者？

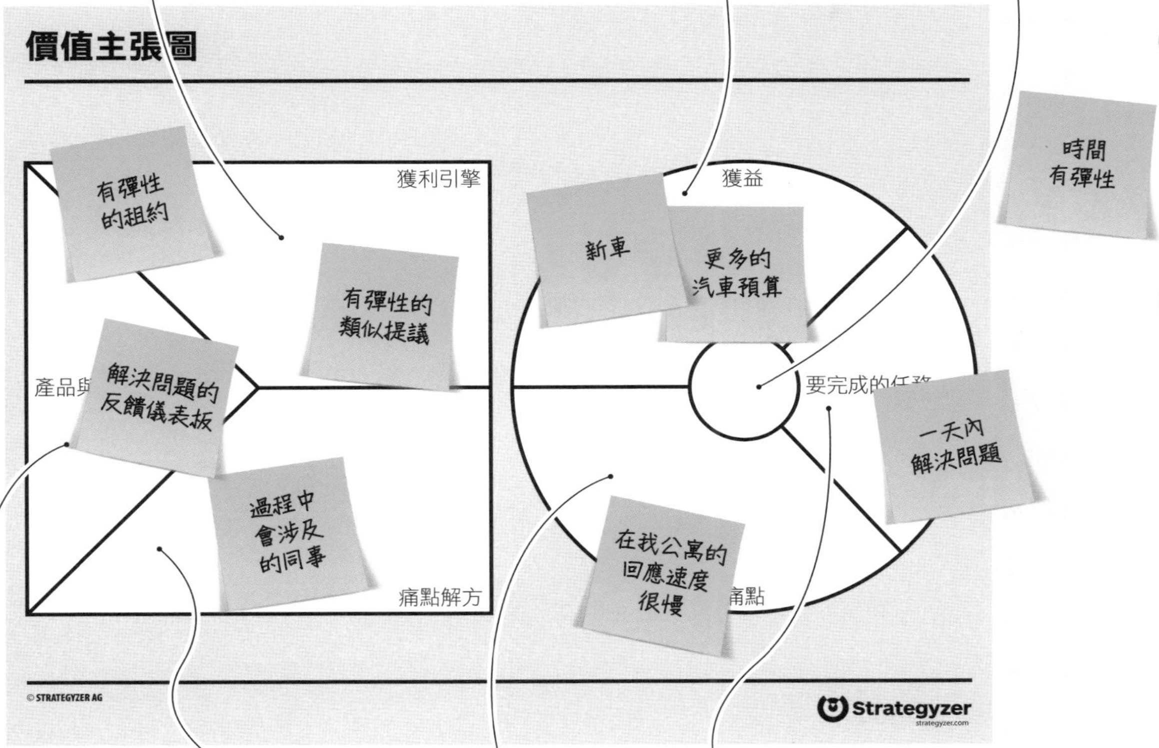

產品與服務
你能提供什麼產品與服務給顧客，好讓他完成任務？這個產品或服務為何不是既能迅速解決困難、又簡單有效的方法？

痛點解方
你要如何協助客戶解決他遭遇到的成本、挫折、困難、風險等痛點？要表達清楚這個解方如何能奏效。

痛點
讓顧客心煩或困擾的是什麼？是什麼妨礙到他／她完成任務？是什麼制止了他／她的行動？

要完成的任務
你的顧客在工作或生活中設法要完成的任務是什麼？這些任務可能是兼具功能性和社會性的。你的顧客有什麼基本需求（情感上和／或個人的）？

下載
價值主張圖可從以下網址下載：
www.designabetterbusiness.com

檢查表

- ☐ 為每種顧客角色繪製一張價值主張圖。
- ☐ 找出至少五個功能性、社會性及情緒性的「要完成的任務」，並排出優先順序。
- ☐ 找出至少五個痛點，並排出優先順序。
- ☐ 找出至少五個可以得到的具體利益（獲益），並排出優先順序。
- ☐ 獲利引擎和痛點解方要能直接處理獲益和痛點。

下一步

- 製作原型並驗證你的假設。
- 找顧客檢查你的假設。這些假設真的是他們需要完成的任務嗎？

了解你的經營環境

不用說，了解你公司營運下的整個環境（比方競爭對手有誰、你所看到的趨勢），會讓你對自己這門生意的未來必須做何改變，產生許多深刻的洞見。然而，大部分的公司在這方面卻做得不夠多。

未來的跡象遍布在你四周

趨勢和競爭者通常只是整個大局的一部分而已。而且，如果你只跟著競爭對手走，風險就是你可能會漏掉一些真正重要的東西。你需要的，是一個超越眼前競爭格局的經營環境架構。

了解你的經營環境，會讓你對今日的趨勢以及形塑明天的微弱跡象，有清楚的概念。這種經營環境的評估，至少要包括對市場趨勢、技術趨勢、規則與法令、經濟情勢、顧客需求、競爭者以及一些不確定的因素有所了解。重要的一點是，不要以為這些訊號、趨勢、事實及競爭者，只跟你現在的業務有關。要真正畫出你未來需要的藍圖，就要把格局放大，不要局限於你現在的產業。剛冒出頭的競爭者，甚至新到還稱不上競爭者的後起之秀有誰？有什麼不確定的因素可能影響你未來的經營環境？選舉結果？還是油價？

未來已經降臨，只不過還分布不均而已。

//威廉．吉布森（William Gibson），小說與散文作家

更大的經營環境

當音樂串流平台Spotify剛打入市場時，大部分人都以為這是對蘋果公司的直接挑戰，當時蘋果是音樂產業的頭號競爭者。當然，上述看法只說對了一部分。有蘋果打前鋒，大部分的數位音樂公司只要跟著走就行。不過，只要你的目光不是只盯著蘋果，就會發現Spotify的創辦人對音樂產業的經營環境看得更大更遠，這樣的高瞻遠矚讓他創辦了一個市場導向的數位串流服務平台。當時的經營環境，包括：雲端科技趨勢；顧客想聽音樂但不用擁有的渴望；改變中的法規環境（蘋果已經打好基礎了）；以及唱片公司忙著爭取新收益流的經濟環境。

持續追蹤

經營環境不是靜止不變的，而是每天都在改變——有的產業是每分鐘都在改變。若要持續了解，就要持續追蹤。當你可以清楚掌握今天的經營環境，你也不妨試著模擬出明天或是五年後，甚至更久之後的經營環境又是如何。不同的差別在哪裡？你預期隨著時間流逝，會發生哪些改變？而且，因為只有時間才能證明你的假設哪些是對的、哪些是錯的，所以要定期回頭去更新你對經營環境的了解。

造訪未來

造訪未來大概沒有你以為的那麼困難。事實上，就像前面提到的，未來的跡象遍布在你四周。儘管聽起來可能很奇怪，但是當你要尋找未來跡象時，你可能該考慮造訪的地方是現代藝術博物館、黑客松（hackathon），甚至是火人祭（Burning Man，在內華達沙漠舉行的一年一度反文化聚會）。不過不必等，有很多未來的訊號就在你的行動裝置裡。各種社群網絡，甚至推特（Twitter），都充滿了各種可能跟你的經營環境相關的訊號。

這裡的關鍵是，你目前（以及未來）的經營環境是不可能只以一篇報告道盡的。任何支持（或否定）你策略的報告，都只是一個觀點而已。而且，等到這份報告登上《哈佛商業評論》（*Harvard Business Review*）時，很可能整個經營環境都早已底定。要繪製出你的經營環境，你需要一支團隊。多元化的團員，可確保你能捕捉到並評估出哪些可能是影響你目前事業的主要元素，以及哪些可能是日後會影響你事業的元素。■

提示！ 不要把了解經營環境和市場研究搞混了。在設計之旅的稍後階段，當你需要確認或否決趨勢時，市場研究相當有用。至於了解目前的經營環境，主要是為了探索並權衡種種可能性。

天生**好奇**

我是個超級好奇的人，所以我熱愛我的工作！我是專業趨勢觀察師，負責協助各公司理解他們所處的世界。要做好我的工作，關鍵在於持續觀察並組織資訊。推特是我必備的工具，發推文讓我會不自覺地在心裡組織種種資訊。但光是發推文還不夠，要找出趨勢，我必須根據脈絡背景，找出一條融會貫通的軸線，將不同的推文串連起來。一旦找到了我所認為的趨勢，我會透過自己的網絡加以驗證。

如果你想自己進行，要先從一個觀點開始：為什麼你需要這個資訊？然後，蒐集並組織新的資訊。你人脈中的每個人都握有資訊，但大概毫無系統可言。要了解這些資訊，你需要一個分析架構去探索這些軸線。看看產業外的狀況，找出你完全不明白的東西。最後，把這些資訊置入架構。你所發展出來的架構，將會顯示不同的模式和改變（例如從原本的「傳送」資訊變成「共享」資訊等等）。這只是一個起點，往後可以發展出新創意。

法蘭德．塔巴奇（Farid Tabarki）
Studio Zeitgeist趨勢觀察師

工具 經營環境分析圖®

原創設計者：David Sibbet, The Grove Consultants International

焦點
了解你的經營環境

約30分鐘
壓力鍋

3-5人
小組人數

經營環境分析圖的原創者是大衛·斯貝特。想要更深入了解，請參見斯貝特的著作《畫個圖講得更清楚》。

經營環境分析圖是幫你了解企業營運環境的一個架構。利用右頁的空白範本，跟你的團隊一起繪製趨勢，分享不同的看法。經營環境分析圖將會幫你們尋找公司外的驅動因子，並協助你們針對（可能）影響你們現在及未來事業發展的種種力量進行對話。

跳脫井底的思考

大部分團隊開始剖析他們的產品或公司的經營環境時，幾乎都免不了提出短視的觀點，只著眼於此時與此地。經營環境分析圖的目的，是要協助你和你的團隊擴大思考範圍，不局限在產品與組織上，更深入談談這個世界的狀況，以及哪些變動將會在未來影響你們的生意。

分成小組進行

運用經營環境分析圖的最佳方式，就是把團隊分拆成小組，每組負責分析圖的兩個區塊。例如，負責人口結構趨勢的那個小組，也可以同時負責技術趨勢。

給每個小組幾分鐘，最多以三十分鐘為限，讓他們進行深入而嚴肅的討論，談談每個區塊裡的世界現狀，寫在便利貼上。每個區塊至少要有一張寫著驅動因子的便利貼（每張便利貼只能寫一個驅動因子）。要再度提醒的是，放大格局非常重要，不要執著於舊有的驅動因子，也不要拘泥於你的公司或產品。要緊的是你所屬產業的整個經營環境，以及更大的那個世界，因為未來它將會驅動你的設計準則和選項。

找到關鍵驅動因子

等到所有小組都討論完畢，找到了各自區塊的驅動因子後，就每一組派一個代表，一次一個地把他們的便利貼黏貼在一張共用的大分析圖上（貼在牆上或直接畫在牆上），然後大家一起討論。這會激發其他各小組的進一步對話，討論什麼是重要的，或許還可以找到其他重要的驅動因子。

集體的觀點

分析圖上的每個區塊都填寫完畢之後，整個團隊再從中選出哪些是最重要的驅動因子，將會影響到公司的未來（或至少是影響你們這次的設計之旅）。當你後退一步看，會發現這是整個團隊對未來的集體觀點，而不是出自某個專家的意見而已。■

人口結構趨勢
你要尋找的是人口統計方面的數據、教育程度、就業狀況。這些領域有什麼重大變動？另外在政策、規則及法令方面又有什麼變動呢？

經濟情勢
描述要精確，不要用一堆含糊不清的同義詞和抽象概念。比方說，有什麼對你很重要的經濟情勢？

你的競爭者
試著找出預期之外的競爭者。有新的加入者嗎？有非預期來源的競爭者嗎？

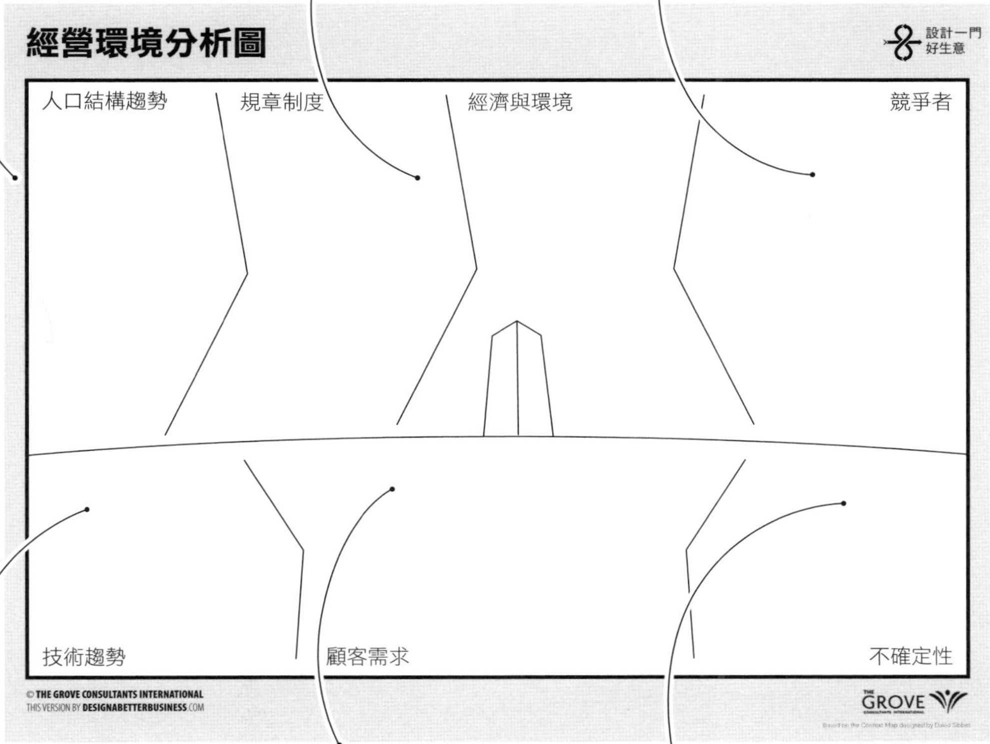

經營環境分析圖

設計一門好生意

人口結構趨勢

規章制度

經濟與環境

競爭者

技術趨勢

顧客需求

不確定性

© THE GROVE CONSULTANTS INTERNATIONAL
THIS VERSION BY DESIGNABETTERBUSINESS.COM

THE GROVE CONSULTANTS INTERNATIONAL

技術趨勢
你看到了什麼剛出現的技術趨勢，日後會影響你的生意嗎？

顧客需求
顧客有什麼剛冒出來的新需求？你看到顧客行為有任何重大的轉變嗎？有什麼新趨勢將會成為主流？

不確定性
你看到什麼重要的不確定性？也就是那些你知道將會有重大影響，但還不清楚會如何（及何時）發生的事物？

下載
經營環境分析圖可從以下網址下載：
www.designabetterbusiness.com

檢查表

- ☐ 已填完分析圖的所有區塊。
- ☐ 分析圖上的所有內容都有憑有據。
- ☐ 標出最重要的三個威脅和機會。

下一步

- 為你的假設找出證明。
- 把你的發現拿來跟其他人所想的核對。
- 三個月後再回頭看這張經營環境分析圖，更新並核實。
- 更新你的觀點。
- 更新你的設計準則。

範例 經營環境分析圖® 巴黎富通銀行（BNP PARIBAS FORTIS）

我們這個產業的經濟情勢如何？

管制者

我們要遵守什麼法規制度？

銀行業 3-6-3告終

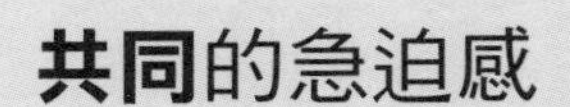

共同的急迫感

我的工作是把管理上遇到的挑戰，轉譯為人人能懂的數字、圖像，以及故事。我會利用各種隱喻，讓轉譯後的內容簡單化。2014年，我看到我們以前熟知的銀行一去不復返，但我們卻還在相信我們的舊假設。

說得誇張點，過去銀行從業人員只需要知道三個數字：3-6-3。借來的錢給3%利息，放貸出去的錢收6%利息，然後下午3點一到，你就可以去打高爾夫球了。

想要在今天的世界獲得成功，銀行裡的每個人都要了解經營環境。為了協助他們了解，我不能只靠數字和圖表，我必須說一個讓他們能記住的故事，真正去吸引我的聽眾，並啟發他們一起改變這家銀行。我們兩千名同事一起創造出了「銀行的世界」，還請了設計師將結果視覺化。這麼一來，整個故事就更吸引人，而且一眼就能看懂。此外，我們要跟所有同事分享時，也變得更容易了。

彼得．德凱澤
（Peter De Keyzer）
巴黎富通銀行，首席經濟學家

介紹 **商業模式**

要思考企業的未來，無論是整體策略或某些新產品與／或服務，首先務必花一些時間去真正徹底了解你的企業。商業模式圖提供了一個簡單的方法，協助你繪製出你的事業（或任何生意）可以如何創造價值、如何傳遞價值給客戶，以及如何獲取價值。

了解你的商業模式

了解你們如何為顧客的生活增加價值，是相當重要的事。這是往下繼續討論你企業的基礎。

你們的顧客是誰？你們為他們解決了什麼問題？你們如何把價值傳遞給他們？

要把這些資訊組織起來的最佳方式之一，就是利用商業模式圖。自從《獲利世代》一書出版以來，大家已經發現商業模式圖是個絕佳的平台，可讓參與者在共識下採用共通的語言，進行更好也更策略性的對話。

不要假設你的團隊了解自家公司的商業模式。

要了解更多背景資料，請參閱奧斯瓦爾德與比紐赫合著的《獲利世代》。

了解你的各種商業模式

如果你是在一家大型組織工作，可能就會發現組織裡的價值主張和商業模式不止一個。以醫院為例，一家教學醫院的最高層由三個不同的商業模式組成：1)照顧病人；2)教育；3)研究。每個商業模式都有不同的顧客、價值主張，以及收益流。

了解競爭企業的模式

你可以從競爭者那邊學到很多。選擇一些競爭對手來繪製出他們的商業模式。有了這些資訊，你就可以更深入了解顧客想要什麼、願意付多少錢。你會看清楚整個產業如何應付顧客的需求，而不光是你的公司而已。而且你會發現一個十分重要的資訊：其他企業，甚或非常成功的企業，如何在市場上開拓自己的空間。

了解一個產業的商業模式

在你帶著創業的點子進入某個產業之前，務必要先了解這一行最普遍採用的商業模式，弄清楚要如何跟你的潛在顧客交換價值。比方說，如果你計畫要進入太陽能這一行，你就要了解像SunEdison這樣的領導廠商是怎麼做生意及增加價值的。SunEdison的創辦人賈格．沙哈（Jigar Shah）藉由研究產業而得知，顧客想降低電費，卻不願意花錢安裝太陽能板。於是他不賣太陽能板，而是改賣能源合約。他設計出所謂的「購電協議」（PPA）商業模式，讓用戶用可預測的價格合約來購買長期的太陽能服務，同時也免除了擁有及運作太陽能板的高額成本。一般認為，太陽能如今成為全球總值數十億美元的生意，SunEdison的商業模式是催化劑之一。

評估你的商業模式

任何企業都會不斷去尋找能更了解他們客群的方法，尤其是他們已經鎖定（或者想鎖定的）目標客層。在本書第117頁中，有奧斯瓦爾德所彙整出來的七個最常見也最有用的問題，你可以用來評估你的商業模式。■

大部分的企業都不懂
他們的顧客，
他們只知道自己的交易。

好多的**商業模式**

2010年，我們想設計一套新策略，把更多的焦點放在我們醫院的患者身上。所以，要從哪裡開始呢？我們明白在我們這家醫院有很多不同的部門，而且各自以不同的方式在運作。

這些部門有不同的顧客、不同的合作夥伴，以及不同的價值主張。我們明白我們的確有許多不同的商業模式，於是就從最底層開始做起，再一路往上。我們必須先了解每個部門，才能了解他們各自的模式，以及在整個醫院的商業模式中如何呈現。

了解他們的商業模式，可以協助他們對自己的業務有更深刻的見解，同時也能更了解其他部門的業務。

（要了解馬斯垂克大學醫療中心如何製作多個商業模式的組合，請見第117頁。）

弗里茲．凡莫洛德（Frits van Merode）
荷蘭馬斯垂克大學醫療中心（Maastricht University Medical Center）執行董事

工具 **商業模式圖**

原創者：Alexander Osterwalder

商業模式圖是很棒的工具，可以協助你以一種明確、有架構的方式，去了解商業模式。善用這個商業模式圖會讓你深刻了解你所服務的顧客，看清你透過什麼通路為顧客提供什麼價值主張，以及你的公司是如何賺錢的。你可以利用商業模式圖了解自己的商業模式，或是競爭對手的商業模式！

焦點
了解你的企業

45-60分鐘
開會時間

3-5人
小組人數

商業模式圖的原創者是奧斯瓦爾德與比紐赫。更多詳細內容請參閱他們的著作《獲利世代》。

價值主張
你們的產品和服務是什麼？你們為顧客完成的任務又是什麼？

關鍵合作夥伴
列出你事業上不可或缺的合作夥伴（不是供應商）。

關鍵活動
為了運作你的商業模式，你每天都要做些什麼？

關鍵資源
列出你經營這個事業所需要的人、知識、手段及資金。

成本結構
檢查你的關鍵活動與資源，列出你的主要成本。

商業模式圖

關鍵合作夥伴	關鍵活動 / 關鍵資源	價值主張	顧客關係 / 通路	目標客層
成本結構			收益流	

DESIGNED BY STRATEGYZER AG

Strategyzer
strategyzer.com

1 從上往下開始規畫：只列出商業模式中最重要、最不可或缺的部分。

2 把構成要素串連起來：每個價值主張都需要一個客群和一個收益流！

3 不要把對未來狀態的構想和現在的構想搞混，也不要把不同部門的商業模式混在一起！

目標客層
以提供最多收益為標準，列出前三大目標客層。

顧客關係
你的顧客關係是否良好？要如何維繫？

通路
你跟顧客如何接觸？你如何傳遞價值主張？

收益流
列出你的前三個收益流。如果你有免費產品，也加在這一項。

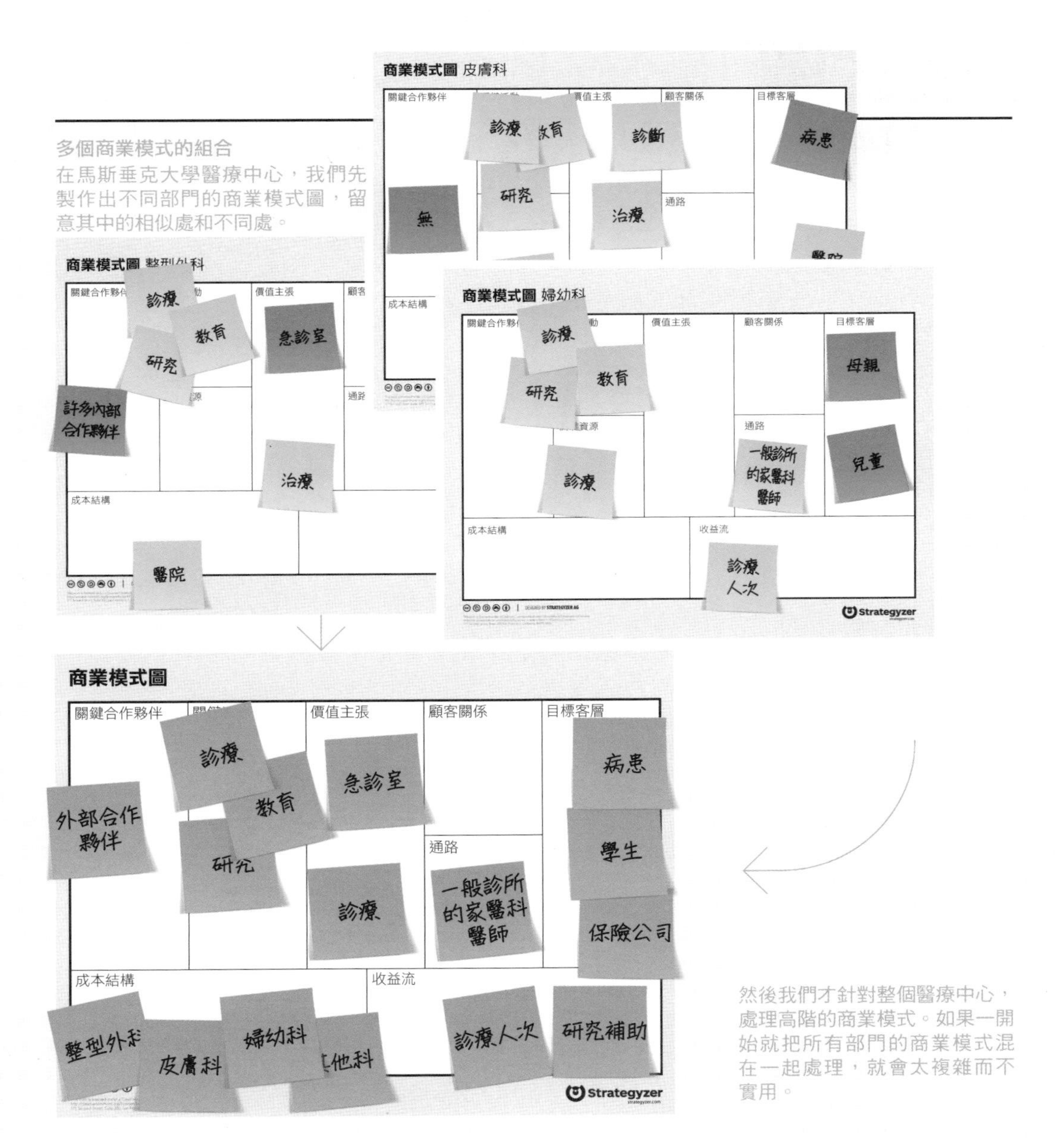

多個商業模式的組合

在馬斯垂克大學醫療中心，我們先製作出不同部門的商業模式圖，留意其中的相似處和不同處。

然後我們才針對整個醫療中心，處理高階的商業模式。如果一開始就把所有部門的商業模式混在一起處理，就會太複雜而不實用。

下載

商業模式圖可從以下網址下載：

www.designabetterbusiness.com

檢查表

針對以下每個問題，為你的商業模式績效評分（最差0分、最好10分）。

- ☐ 防止顧客頻繁換醫院的轉換成本是多少？
- ☐ 你的商業模式可以規模化的程度？
- ☐ 你的商業模式可產生經常性的收入嗎？
- ☐ 你是先賺再花嗎？
- ☐ 有多少工作可以由其他人代勞？
- ☐ 你的商業模式有內在保護機制，以防止競爭嗎？
- ☐ 你的商業模式是建立在開創新局的成本結構之上嗎？

下一步

> 過濾出設計準則，並測試你的假設。

範例 **商業模式圖** 圖像化

圖像式的商業模式圖更容易縱觀全局，也更能吸引注意力。

商業模式圖的要點就是清晰、明確、簡單及相關性，太瑣碎的細節往往會破壞這些優點。「陷入細節」會導致（不必要的）冗長討論，讓整個創作流程一直在原地打轉，也失去了看清事物本質的能力。碰到這個狀況，解決辦法就是先做，再討論。先把焦點放在更大的格局上，不拘泥於細節，這才是真正重要的。

不論是繪製自己的或競爭對手的商業模式圖，甚至是在比較不同的商業模式時，都要記住：簡單就是力量。好的商業模式都是簡單且能一目了然的。如果在你的商業模式圖上加了太多細節，就會模糊掉你的觀點。

為了讓你的觀點和故事更簡化更清晰，不妨利用素描或圖片來取代文字。或者更好的方式：直接剪貼手繪風格的現成圖示，拼湊起你的商業模式圖。關於「用圖像說故事」的進一步內容，請參閱第72頁。

這個例子是傳統計程車行的商業模式。這個商業模式是線性的，跟（現有的）顧客需求缺乏連結。

現成圖示可從以下網址下載使用：
www.designabetterbusiness.com

為了舉例，我們編製了兩個商業模式圖：一個是傳統計程車行，另一個是Uber。這樣一來，就很容易比較兩個不同的商業模式，找出各自的強項與弱點。

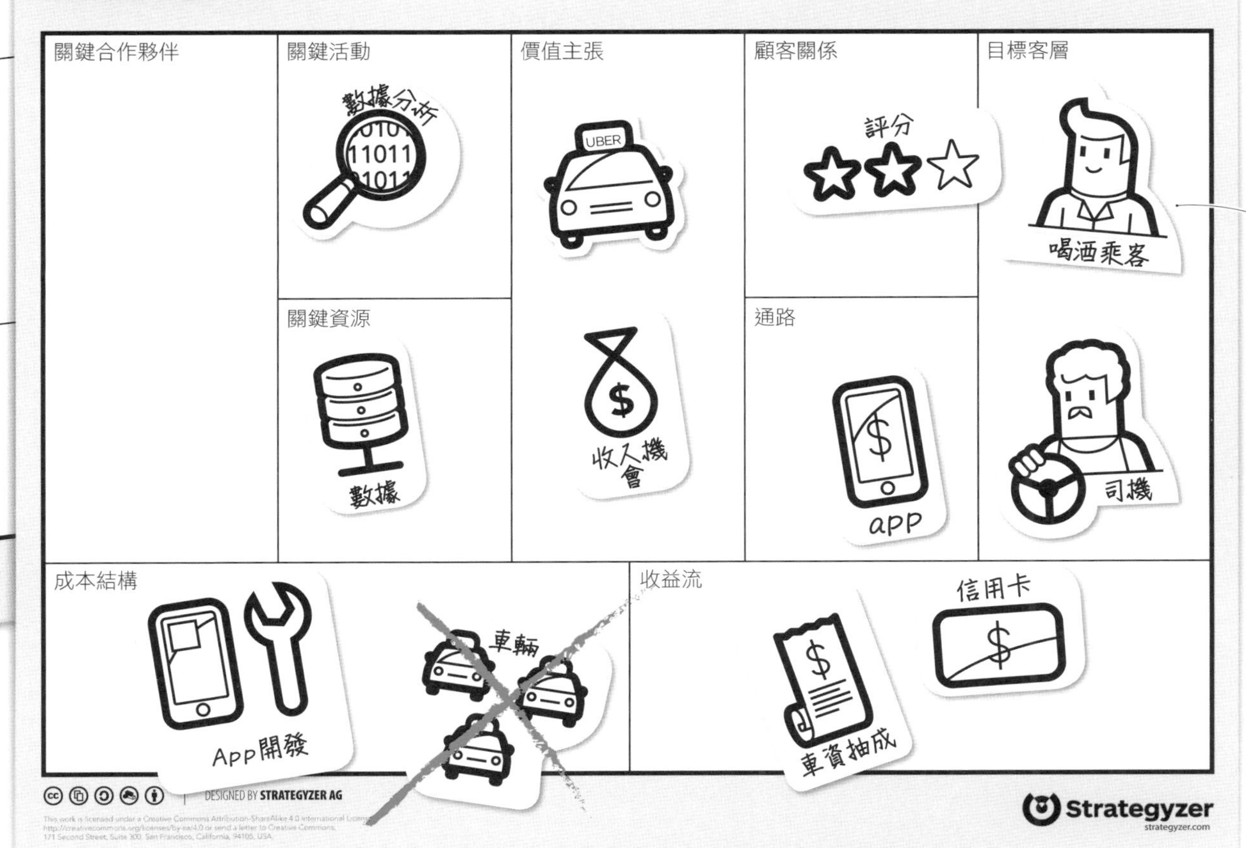

Uber的商業模式是多邊平台，藉著把兩個不同的目標客層媒合在一起而創造價值：一方是受雇司機，一方是有需要從甲地到乙地的人。Uber的優勢是平台所產生的數據，以及叫車服務透明化。

關於了解的幾個妙招

線上田野調查

在網際網路時代，如果不能善用網路田野調查，那就太笨了。要迅速了解人們在網路上的實際行為，有幾個小訣竅。去看看你自己或競爭對手的使用者討論區。顧客或用戶都在抱怨些什麼？最熱門的討論是什麼？透過推特或臉書等社交平台，去接觸那些寫過類似產品的使用者。他們在社群媒體上貼了什麼照片？他們有影音部落格或YouTube頻道可以播放類似的話題嗎？這些內容有多受歡迎？你從中可以找到什麼趨勢？如果你開始追蹤某些網路上的線索，就可以在很短的時間內找到很多資訊！

更多有關顧客田野調查的資訊，請參見第102頁。

自己跟著做

暫時扮演顧客的角色是值得的。要是你真的很想了解顧客和他們的偏好，可以暫時扮演顧客的角色，去做他們所做的事、買他們所買的東西。這一招，我們是跟一個經驗豐富的零售食品銷售商學來的。如果你有興趣了解吸引顧客的是什麼，就去顧客購物的商店觀察他們，並從貨架取下吸引你的商品。同時觀察顧客的購物車，跟你買的東西做個比較。你很可能會發現同一個目標客層的人，買東西會追求同樣的特質。最棒的是，你很快就能查出你的競爭對手憑什麼吸引顧客。

客串咖啡師！

如果有心想給你的顧客驚喜，讓他們轉換心境，你可以考慮再加碼。找一台不錯的咖啡推車，把所有能誘使人們談話的東西放在推車上。找出你的顧客經常會聚集的幾個地方，推著推車走一遍，保證他們看了會很高興。你會很驚訝人們會跟咖啡師說多少事情！重點是：當個完美的主人，加強跟顧客的互動。

進行咖啡大挑戰……

為了協助你的團隊度過一開始走出辦公室的不安，不妨考慮來個咖啡大挑戰。這是我們為全球共享空間組織Impact Hub的一個方案所規畫的挑戰：在接下來2-3週內，跟不同的顧客喝25杯咖啡。

每回你跟顧客進行一次談話後，就從清單上劃掉一杯咖啡。最先劃掉所有咖啡的人就是勝利者！只要有人跟顧客喝過咖啡，帶著新的或驗證過的洞見回來，就是整個團隊的勝利。

務必設立這樣的內部挑戰機制！你們不僅有機會知道更多的咖啡店，還能獲取更多深刻的見解！

現在你已經……

接下來的步驟

重點歸納

你願意**跟你的顧客**喝幾杯咖啡？

越過表象看本質。

不要假設你的團隊成員都了解你們的商業模式。

重點不在於答案，
而是要提出**對的問題**。

如果你不知道自己現在的位置，怎麼**曉得接下來要往哪裡走？**

那麼，現在
你知道了……

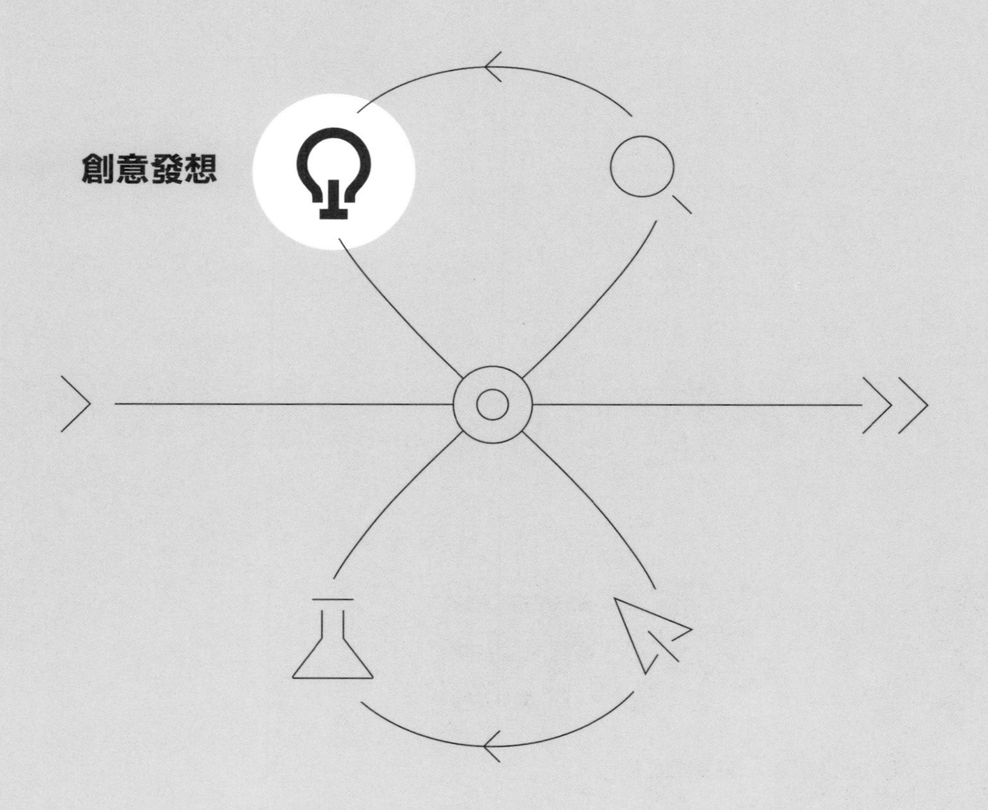
創意發想

設計之旅 **創意發想**

學習**創意發想**

拓展你的創意

選擇創意以製作原型

成為**創意天才**

每個人都會有創意。有時候我們腦袋裡冒出來的創意，會讓我們整夜睡不著——我們會急切地想要採取行動，認定那絕對是有史以來最棒的點子。但真相是：這些點子也許真的很棒，但光靠一個創意是不夠的。一個能實現的好創意，必須不斷添加新元素、不斷推演才行。

創意發想

沖澡時，突然冒出一個點子？也許這是個很棒的點子，但你要知道，它只是當你需要解決問題或處理任何需求時，眾多潛在的好點子之一而已。換句話說，任何問題或未被滿足的需求，都不會只有一個正確解答（或點子）。

創意發想的重點，是要快速想出一大堆點子——偉大的點子、大膽的點子、可行的點子、不可能的點子，或甚至是爛點子。唯有創造性的、樂觀開放的思維方式，加上運用右腦的能力，才能在不做任何預設或批判下，形成你（或其他任何人）沖澡時想到的點子。

創意是來自神奇的平行宇宙嗎？

當一場創意發想會議結束時，創意牆上貼了超過五百張的便利貼都不算稀奇，每張上頭都有一個獨特又有趣的點子。這些點子會成為催生出未來選項的燃料。

點子哪裡來？

我們都曾有過這樣的經驗：有些時候，腦袋裡忽然就冒出一些莫名的創意，好像是從某個神奇的平行宇宙跑出來似的。不過，有些人似乎就是有辦法比別人更常想出好點子。這些人是創意天才嗎？他們難道擁有某種智力天線，可以搜尋到最棒的點子？

當然不是。也許聽起來很老套，但每個人都有天生的好奇心和創造力，只不過我們或許忘了該如何使用。那些我們稱之為「創意天才」的人，他們只是知道如何將天生的好奇心轉化為創意，並且相信所有點子都有可能發展成未來的選項，值得驗證。最棒的是，你也可以學會這招。只要稍加練習，你就能像這些「創意天才」一樣，想出許多的創意。注意囉，天才們！

提示！ 創意發想時，要完全放鬆且開心。樂趣和幽默感是創造力最重要的催化劑。

點子就只是點子而已

好點子和絕妙點子之間的差別，不在於背景脈絡或內容，而在於你驗證的能力：驗證這個點子是否真的可以執行、進行改變。簡單來說，點子也不過就是一些基於假設的想法。當點子還只是點子時，其實沒有什麼價值。

因此，把創意發想和驗證拆開來是很重要的。創意發想期間，你要盡量張開大網，在最短的時間內盡可能產生最多的創意。如果進行順利，你和你的團隊就會有無數的機會，把這些初步的點子綜合起來，創造出可被評估、製作成原型，以及驗證的新點子。

開始動動腦

或許你會發現到，你平常最有創意的時間，是在洗澡或走路的時候。很多人都有這種狀況。然而，一旦你開始工作，你可能就會切換到執行（而非創造性）的模式，然後一直到你下班為止。

設計者必須能夠順暢地從創造模式，切換到分析與決策模式。這是設計流程的一部分。你必須做到這一點，你的團隊也一樣。一開始，要在你的執行工具腰帶上添加設計及搜尋工具（比方觀察），你可能會覺得有點困難。同樣的，為了提高創造力，要從評估與判斷模式切換到創造力模式，你大概也會覺得有點棘手。但這些努力都是值得的。一旦你的團隊可以一起合作、激發出新點子，你就會發現大家很快就能進入狀況。

當然，有很多工具和技巧可以幫助你和團隊，以一種廣泛而有系統性的方式去進行創意發想。從本章中你會學到一些新方法，讓你能夠切換到創造力模式，跳脫既有的框架去思考，產生更多的創意。另外，你也會學到一些新方法去評估你的新點子，然後從中挑出一些好點子來進行原型製作及驗證。■

掌握**創意發想**之道

1 啟動你的創意引擎

跟著團隊一起想出一大堆點子其實不難，只要你曉得怎麼做。重點在於：引導。這意味著你要利用一套正確的工具，在適當的氛圍（空間）裡，抱持著創造性的心態，專注於完成這項任務。另外很重要的一點是，要為你的創意發想會議設定時間限制。要是一整天都在想點子，就會產生反效果。所以，務必設定好時間範圍，並有一個專屬的空間。等到你認為大家再也想不出新點子了，就把那些想出的點子重新洗牌，然後根據這些再發想。

2 建立踏腳石

想出來的點子越多，你和團隊就越有機會做出有趣的聯想，從這些點子裡頭再生出新點子。此外，就如同你在建立一條通往未來的路徑那樣，踏腳石的形狀不重要，重要的是它們的數量和排列。

3 建立一個儀式

即使是經驗豐富的創意人，也要花點時間才能調整到正確的心理模式，讓創意開始源源不絕地產生。所以，不妨考慮建立某種創意發想的儀式，就像奧運一樣點燃創意的火種（本章稍後會在第144頁深入討論）。實際操作之後，你就會知道你需要多少時間進入狀況。最重要的是，這段專屬時間都不能受到打擾。

4 使用工具

不要認為你只能靠腦力激盪，才能挖掘出種種可能的點子。其實有很多創意發想的工具可以運用，例如商業模式圖和創意矩陣，都可以幫你和團隊創造出許多有價值的點子。大家在進行創意發想的討論時，就利用這些工具來設定架構，同時拓展及

提示！ 如何製造更多踏腳石

隨機
拿出一本字典，隨便挑一些字。找出10-20個字之後，試著組合起來。這樣就會產生新的聯想和新點子。

類比
找出可以類比的狀況，從事物之間的相似處做出適當比擬。例如，如何把你的點子或問題轉譯為手機或賽馬？看看周遭的事物，尋找靈感。

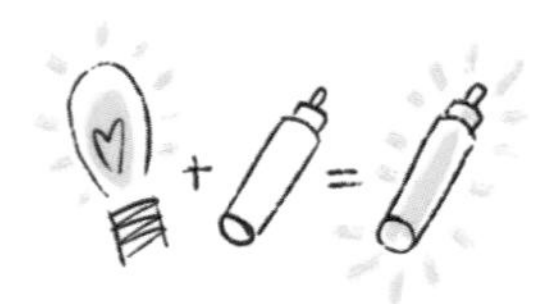

結合
把你的點子跟另一個看似無關的點子結合起來。或者，把你的點子跟你在桌上看到的某個物件或某個人、某個行動結合起來。結果如何？

推到極致
你能想出來的最極端、最不可思議的點子是什麼？可以更誇張些嗎？如果每個人都採用呢？跟這個點子完全相反的構想是什麼？

動物化
如果把你的點子比喻成動物，會是哪種動物？有什麼特徵？會咬人嗎？可以當寵物嗎？如果把這個點子比喻成一輛車或一個人呢？

探索各種新點子。比方說，商業模式圖就是一個很好的架構，可以讓你深入挖掘每個點子。

5 深入挖掘

除了發想、分享及擴展大量的點子，你還必須更深入探討某些可行的創意——特別是要挑選出一些點子去製作原型並進行驗證前。每個點子的核心是什麼？打算解決誰的問題、什麼樣的問題？顧客會願意付多少錢？要怎麼讓顧客第一時間發現這個產品或服務？

你無法將每個點子都進行如此深入的挖掘，但對於某些點子，在發想時深入挖掘它們的使用情境、剖析種種假設，這個過程相當重要。■

騰出**深入思考**的空間

開發新點子對於設計與企業經營來說，是很重要的，不過在創意發想的過程中，我們很容易忽略一個很重要的環節：編輯整理。首先，我們必須盡量想出點子、寫到紙上，越多越好，無論是文字或圖案都好。

一般人往往會擔心自己的某些點子可能很蠢或很丟臉，但這根本不重要。清空腦袋裡的初步構想，才能騰出空間進行更深入的思考。或許到了最後，才發現一開始的點子是最適合的，但我們還是必須多方探索各種可能性，才能精確評估。只要能開發出越多點子，就越有機會做出最好的選擇。而且很關鍵的是，你要願意在最後一刻放棄一個點子，選擇更好的。

要記住，點子可能來自任何地方，還有，請放下你的自我。別忘了，當一群人共同參與的時候，創意發想的過程才會最有力量，因為在這種時候，我們才能彼此激發，想出更多點子。

凱文 · 菲恩
（Kevin Finn）
TheSumOf創意總監

創意發想的故事

從1……到10

我們的「健康生活」（Health & Wellness）部門剛成立時，計畫之一就是要為我們的初步構想建立幾個原型。我們從第一手的訪談和市場調查得到了一些很棒的洞見，然而，我們需要的，是一個相稱的商業模式策略。

松下（Panasonic）是電器製造商，我們很清楚我們提供的是商品販賣。但我們也有興趣了解是否可以提供附加價值，例如線上服務。

於是，為了想出新的點子，我們這個團隊聚集在創新會議室兩天。我們針對新產品，很快地在商業模式圖上繪製出我們的創意。然後以這個為基礎，又想出了三百多個點子！我們把這些點子歸納為十個不同的商業模式選項，然後進一步探索並設計。

利用這個方法，讓我們很快就能創造出新的選項。同時也有了一個架構，可以分析我們的基本假設。我們將這個架構設定為「以顧客為中心」，以此來驗證一個不同的新商業模式。

這個創意發想的新方法，為我們的創新注入了新的活力。在接下來的流程中，我們也都持續使用著這些工具。

//加百列．魯賓斯基（Gabriel Rubinsky）
Panasonic新產品創新部門資深經理

如果製藥公司不賣藥……

有回我們引導一家大製藥公司的團隊，利用商業模式圖進行創意發想。我們要求該團隊從他們公司裡找出一件最理所當然的事——賣藥，然後再從商業模式圖上移除。

製藥公司的執行長很憤慨地馬上反應：「你顯然不了解我們公司。我們的營利百分之百都來自賣藥！」

不管怎樣，我們還是要求他們先花三十分鐘在這個「荒謬」的劇本上頭，看看他們能想出什麼。

加上這個限制後，他們看待公司的業務顯然有了全新的眼光！這個團隊發現該公司其實有個極其寶貴的關鍵資源，但從來沒被當成一個潛在的收益來源，那就是公司在癌症治療方面的知識。

當團隊在進行創意發想時，不要把點子一條條死板地列出來，這種條列式的方法似乎會局限大家天馬行空的能力，頂多只能想出七個點子。為什麼呢？也許是大家都急著想達成共識或完成任務吧。因此，一開始不妨採用可隨意亂貼的便利貼！

改善無數人的生活

幾年前，我負責主持一個創意發想會議，參與的是來自公司內部負責臨床、技術、行銷及永續等部門的代表們。我們草擬出一個長長的創意清單，然後想著要如何過濾。我只有一個準則：這個創意必須能改進開發中國家一千多萬人的生活。那一天最後，我們盯著幾個最有潛力的商業模式，不只有可能在商業上獲得成功，也可以改變人們的生活。我還記得當時好感動。時間快轉到三年後：來自永續部門的同一個傢伙，正在探索如何改進市場上的這些模式——但這回他眼界更大了，他想的是如何改進上億人的生活。

//亞歷克斯．戴維奇（Alex Davidge），Bupa醫療保險集團/企業結構與策略發展部門主管

鼓勵大家放心的暢所欲言

一家傳統的金融服務公司，舉辦了一場為期兩天的移地會議，邀集全公司六十名高階經理人討論為了追求成長的破壞性創意。因為這家公司的文化一向強調細節和減低風險，參加會議的人都不習慣公開說出瘋狂的點子。

為了讓與會者更自在，會議的引導師製作了「暢所欲言」遊戲卡，上頭清楚列出各種行為，鼓勵挑釁式的提問和坦率的回答。這個舉動鼓勵了所有與會者，不但彼此回應得更熱切、更放得開，也更有探究到底的熱忱。

這些遊戲卡不只能激發出令人興奮的新點子，也讓與會者玩得更開心，並且難得有機會看到同事充滿創造力的那一面。

看看豐田金融服務集團如何鼓舞他們的創意天才

我們可不想變成汽車產業的唱片公司

//喬治・波斯特（GEORGE BORST），
豐田金融服務前執行長

個案研究 豐田

豐田金融服務 &大創意

2012年，豐田汽車的子公司豐田金融服務集團（Toyota Financial Services group）承受了很大的壓力。豐田經歷了一次大規模的汽車召回事件，外部企業環境也在改變中。當時豐田金融服務的執行長喬治·波斯特知道，他必須隨著環境來改變這個企業。

提高賭注

為了強調這個賭注的重要性，讓大家都有同樣的迫切感，波斯特為他的經營團隊設定了幾乎不可能達到的高標準：他打算要求他們在不能增加開支的情況下，五年內將公司的利潤翻倍。他並且計畫要辦個移地工作營，打算利用不熟悉的新方法來進行創新。

在過去，豐田金融服務裡頭有很多聰明人都試過要把未來的商業趨勢加以落實，但當他們好不容易想出新的破壞性機會時，卻都因為傳統工具和實務的限制而施展不開。正如有人說的：「這就像知識的詛咒一樣，計畫上頭還有計畫，報表上頭還有報表，衡量標準上頭還有衡量標準，記 »

豐田金融服務與**大創意**

分卡上頭還有記分卡。大量的營運計畫書到處都是，凡事還得參考趨勢報告。」這個執行團隊知道，傳統的創新方法不足以讓公司達到未來的目標。為了引進新工具和新技術，豐田金融服務籌備了一個遠離辦公室的移地會議。

為改變做準備

籌備人員想了解一下，公司裡的人打算如何在接下來五年提升業績。於是，他們要求員工透過一個內部入口網站提出想法，並將焦點專注在以下幾大項：增加收益、善用資源，以及控管成本。

他們收到了超過六十個新點子。但是當執行團隊把這些點子放在創新矩陣時，他們發現了兩件事。

洞見 想出砍成本的辦法不難，但**要想出新點子去創造價值，就不容易了。**

首先，每個點子都落在商業模式圖的左邊，也就是內部營運。竟然沒有一個點子是用來處理商業模式圖右邊的問題：為顧客和公司創造價值。

其次，執行團隊注意到，這些點子只能帶來漸進式的改變，而不是重大改變。沒有人相信漸進式改變能讓豐田金融服務在五年內利潤翻倍。

洞見 **正確的打火石真的啟動了我們的進程！**

打火石上場救援

執行團隊需要找到方法，好幫助與會者超越原先想法，放大格局思考，並且更注重價值創造。於是藉由一些外來的協助，團隊準備了四個打頭陣的「打火石」問題，用來激發與會者的靈感。這有兩個作用。一是可以協助把挑戰設限在簡單、直接的問題上；二是能把主要目標（五年內利潤翻倍，以及專注於價值創造）拆成更多好處理的部分，讓參與者進行創意發想。

準備
打火石

1 **重新思考保險**
如果我們重新思考保險呢？如果這家公司的業務從零開始呢？

2 **砍掉50%的營運費用**
我們要如何砍掉50%的營運費用？哪些環節可以調整？

3 **合作夥伴的驚喜**
我們要如何給合作夥伴（經銷商）驚喜？我們可以跟他們共同創造價值嗎？

4 **熱愛的品牌**
我們要如何成為顧客在金融方面的熱愛品牌？

他們把打火石圖像化，貼在移地工作營的牆上，協助團隊在創意發想時有個焦點目標。

你的日常工作，就是設計出一個更好的未來！

//喬治．波斯特，豐田金融服務前執行長

預演

在工作營開始進行創意發想、找出能適用於團隊的方法之前，籌備人員舉辦了一個行前會議。一小群來自各個事業單位的領導人花了一天半，製作了商業模式圖和價值主張圖，描繪出豐田金融服務及其顧客的現狀。

在這個預演工作營中，這一小群人發現，即使他們都已經是公司內部的領導階層，對於目前的商業模式卻缺乏共識和了解，也因此團隊對公司的策略當然沒能達成統一的意見。此外，這一小群人還發現，使用工具及圖像化的做法，讓對話更容易進行，也更具體了。

實際移地工作營

預演結束後，豐田金融服務的55名經營及管理部門的人聚集在美國加州的聖塔蒙妮卡（Santa Monica），參加為期兩天半的策略規畫工作營。在詳盡的準備工作之後，籌備人員對於成果都樂觀以待，相信這些參與者在工作營結束後，一定能更清楚如何為公司設計出一個更光明的未來。

»

豐田金融服務與**大創意**

第1天
觀點

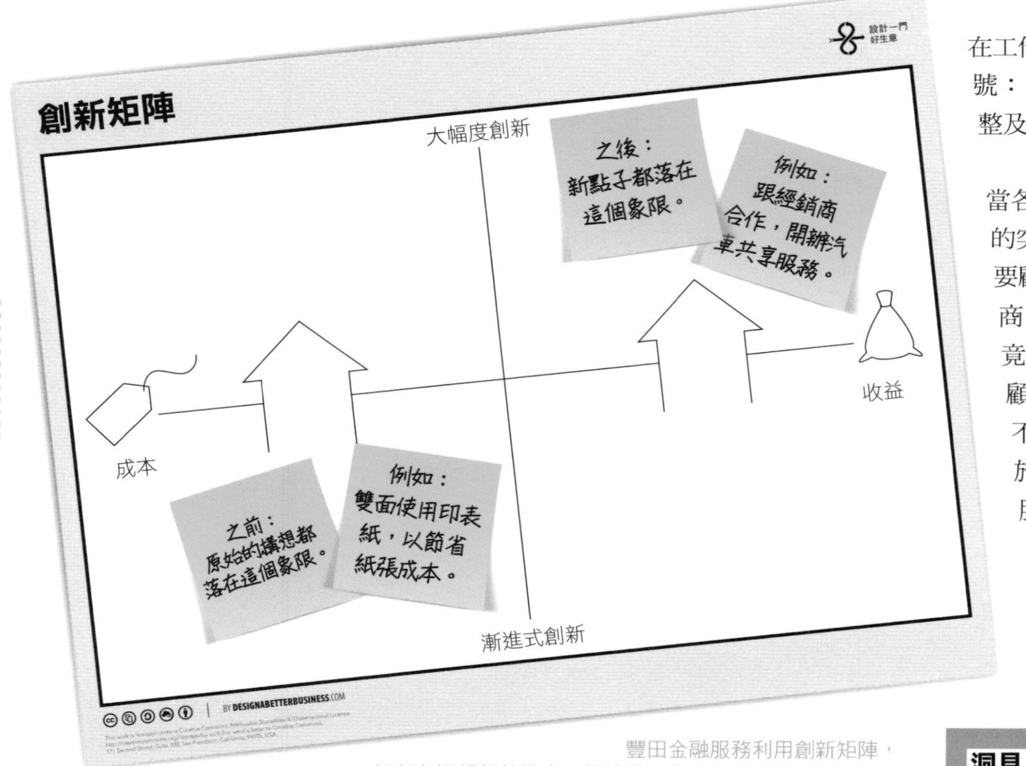

豐田金融服務利用創新矩陣，
把所有構想都放進來，根據準則來衡量這些點子的評分。
這個矩陣幫他們過濾出真正有希望的點子。
有關創新矩陣的用法，請參見第146頁。

在工作營的開場演說中，波斯特開門見山重申他的戰鬥口號：「五年內讓利潤翻倍！」這是第一天，有必要再調整及強化所有參加者的心態與觀點。

當各個團隊開始建立自己的商業模式時，一個不可思議的突破點出現了。這些人發現，對於誰是公司真正的主要顧客，他們無法達成一致的意見：有人說是汽車經銷商，有人說是末端消費者，有人又認為兩者皆是。究竟經銷商是他們的顧客，還是末端消費者才是他們的顧客？波斯特告訴與會者：「我們可以討論、爭辯、不同意，但我們必須做出決定，並且實際去執行。」於是團隊一致決定，在他們的商業模式中，豐田金融服務所服務的關鍵顧客包括經銷商和末端消費者。

等到第一天結束時，大家都對目前的商業模式達成了共識。在此之前，他們的商業模式從來沒有這麼明確過。

洞見 我們一開始就必須要有個戰鬥口號，好**營造一種共同的急迫性。**

第2天 創意發想

洞見 **利用創意發想的技巧**，迫使大家跳出舊有框架去思考。

第二天，與會者利用四個打火石當起點，開始進行創意發想，以設計出新的商業模式。

他們接到的指令是，要確定新商業模式圖的左右兩邊，都要以創造價值、傳遞價值及獲取價值的目標串連起來。同時確定每個構成要素都能支撐這個目標，並可以跟其他的構成要素聯繫起來。

最後，每個小組都根據設計準則和滿腔熱忱，挑出了他們認為最有希望的點子，畫出了一個新的商業模式，然後上台報告。台下觀眾則把自己當成執行長，為每個創意打分數，同時只把資金分派給那些能夠讓利潤翻倍的商業模式。

到了第二天結束時，大家選出了四個最確實可行、能夠推動公司前進的商業模式。

第3天 雙迴圈

結束這個工作營就跟開始一樣重要，而且整個團隊也要確認接下來的步驟都已安排妥當了。

「這一回，我們離開前就把那些創意具體化了，而且知道往後要如何執行。同時我們還有很多志願者，願意落實這些創意。在此之前，我從沒碰過這樣的情況。」財務長克里斯．巴林傑（Chris Ballinger）說。

波斯特在會議最終發言時，真心讚許這些新工具，同時強調這個工作營不是異想天開之舉，整個工作必須定期持續進行，好讓豐田金融服務可以走向既定的目標。他還正式宣布，他的任務就是敦促經營及管理團隊，讓這個星期所做的努力能夠持續下去。

洞見 我們可以討論、爭辯、不同意，但是**我們必須做出決定，並且實際去執行。**

設計一個更好的未來，不是有空才做的枝微小事，而是你的職責所在。■

成本 50%

TOYOTA

我們把打火石圖像化，貼在移地工作營的牆上，協助團隊在創意發想時能聚焦。

介紹 **創意發想工具**

雖然每個人都可以、也應該貢獻出自己沖澡時所想到的點子，但若是能利用正確的工具加上適當人數的小組，要拓展並探索創意就會容易得多。以下是一起進行創意發想的方式。

開始時的心態要正確

要展開創意發想的流程時，你和你的團隊都要先擺脫評判的心態。這當然不容易做到，尤其當你的職務需要用到批判式思考、做許多決定及評估他人工作表現時。但是別擔心。只要使用創意發想的專門工具和技巧，稍微練習一下，就可以立刻進入狀況！

慢慢來，不要急

你和你的團隊可能要花點時間（或許15-20分鐘）轉換到創意發想模式。這時如果有一些能活絡氣氛的人或活動，狀況將大大不同。轉換到比較好玩、開心的心態，有助於把你的心理狀態從執行模式過渡到創意發想模式。就像做任何事一樣，你練習得越多，越能得心應手。

要提醒的是：別把一整天都定調在創意發想模式。這樣不但會有反效果，而且很快就會靈感枯竭，非常可能會開始檢討起這些點子，而不是進一步去激發出其他點子。

不要評斷他人

切勿讓「評斷」行為打斷創意流。太早就開始評估或判斷點子的優劣，會阻擋創意流。要克服這一點，請盡量使用「是的，而且……」的句型，而不是「是的，但是……」的句型，確保你的團隊在這個階段戴上黃色思考帽（樂觀、開放與正面的心態）；稍後他們可以改戴黑色思考帽（理性、務實、評判的思維）。

不要想太多

創意發想的關鍵，就是不要對便利貼上的每個點子或字眼想太多。放任你的腦子天馬行空，只扮演錄音機的角色直接說出你腦袋裡的聲音，而不是試圖指揮你思考的方向。這也是可以經由練習而逐漸掌握的。

利用視覺化工具

有時創意就是很難啟動。當然，大家都會帶著他們沖澡時想到的點子來參加，但創意發想的主要目的，是要刺激彼此去超越那些沖澡點子。通常要達到這個狀況的最佳方法，就是利用商業模式圖、價值主張圖等圖像式的策略工具，建立起大家一起發想的架構，並由此擴大範圍。商業模式圖還多了一個優點，就是它可以讓參與者更投入。

動腦時要像進入外太空

有時你必須逼自己和團隊去進行一趟太空之旅。如果你們得砍掉重練呢？如果你們要改行呢？問這些問題會協助你的團隊拓寬視野，突破目前策略的限制。當你把現實拋在腦後，開始從其他點子發想，大創意會變成更大的創意。當你回到地球，你可能就會發現你學到了一些新東西，可以擴大你現有的策略，或者開啟一個完全不同的新策略。

立起一面創意牆

在創意發想的會議上，用創意牆來記錄是很棒的一個方式。當大家把便利貼紛紛貼到牆上，並且從牆上的點子又激發出更多新點子，或被牆上一些好笑或有趣的點子逗樂時，每一個人，無論是內斂或外向，都是在進行共同創造，並且共享成就感。

評估時要回到地球

當你跟你的團隊進行創意發想好一陣子後，到了某個時間點，張力自然而然地會中止。這時想點子的速度會慢下來，感覺要再想出新創意會很吃力。此時大家開始精神不濟了，正是宣布暫停、休息的最佳時刻。等到大家休息回來後，就可以開始評估先前想出來的點子，幫助大家提振精神。

提示！ 動腦會議所想出的許多點子，不要擱置到日後再處理！立刻開始著手整理這些點子，尋找任何蘊藏的寶石。

辛苦勞動的果實

等到團隊想出了大量的點子——或許幾百個——並貼在創意牆上，此時就該開始整理了。很重要的一點是，不要把這件事當成無聊的苦差事來做。整理點子其實會導向新的組合，引發出更多點子（別忘了踏腳石的概念）。整理點子的最佳方式之一，就是把類似的點子歸納在一起，然後加上一個大標題。

等到你們把這些點子歸類完畢，接下來就要過濾出最有希望的點子了。這個部分也不必太過謹慎或糾結，因為花長時間去討論哪個點子比較好，都只是紙上談兵而已。在本章最後，我們會介紹一個很棒的工具，可以協助你迅速且有組織地完成這個部分。■

工具 創意矩陣

創造
創造點子

約15分鐘
壓力鍋

3-5人
小組人數

當你發現每個人的點子都落在同一個探索區塊時，就是該擴大你們思考範圍的時候了。這正是利用創意矩陣的絕佳時機。

創意矩陣

創意發想的目標，是要讓團隊裡每個人的思考能力及點子都能擴展，創造出類似「一加一大於二」的效果。但是，如果缺乏情境和練習，我們大部分的人都很難跳脱自己熟悉的範圍（或沖澡時的突發奇想）。

創意矩陣就是針對這種狀況而設計的。本質上，創意矩陣是一項工具，有助於在不同類別的交界處激發出新創意。這個工具的重點，在於要偏離正軌去思考。最棒的是，你可以根據你的設計準則、你參與的市場、你所服務（或是想服務）的顧客，設計出你自己的創意矩陣。

畫出方格子

要設計你自己的創意矩陣，請先在白板或貼在牆上的白報紙上畫好方格子，直欄和橫列都不要超過五個。加上一個「我們可以如何⋯⋯？」之類的標題。

每一欄都要標上一個目標客層（既有的或新的），每列則標明一個特定的技術、可能的解決方案或是價值主張。最後一欄或最後一列（或兩者）不妨設為開放區，所有開放性的點子都可放在這裡。

填格子

矩陣圖準備好了，接下來就是創意發想了！每個人隨意且迅速地把所有能想到的點子寫在便利貼上，再貼到矩陣的格子裡，越多越好。文字很好，但畫圖更棒！目標是創意矩陣的每個格子至少都有一個點子

為了鼓勵大家多動腦，可以來個比賽：每貼上一張便利貼就得一分，分數最高的人就是贏家。

等到每個格子都貼上了便利貼，動腦時間也結束了，就可以開始檢查每個人的點子。此時，整個團隊的人都要圍在創意矩陣旁邊，就像在欣賞一幅油畫那樣，讓每個人都有充分的時間去看看大家的創意。然後每個人說出自己最喜歡的一個或兩個點子，再從中選出最有希望的幾個點子，以便往下進行。■

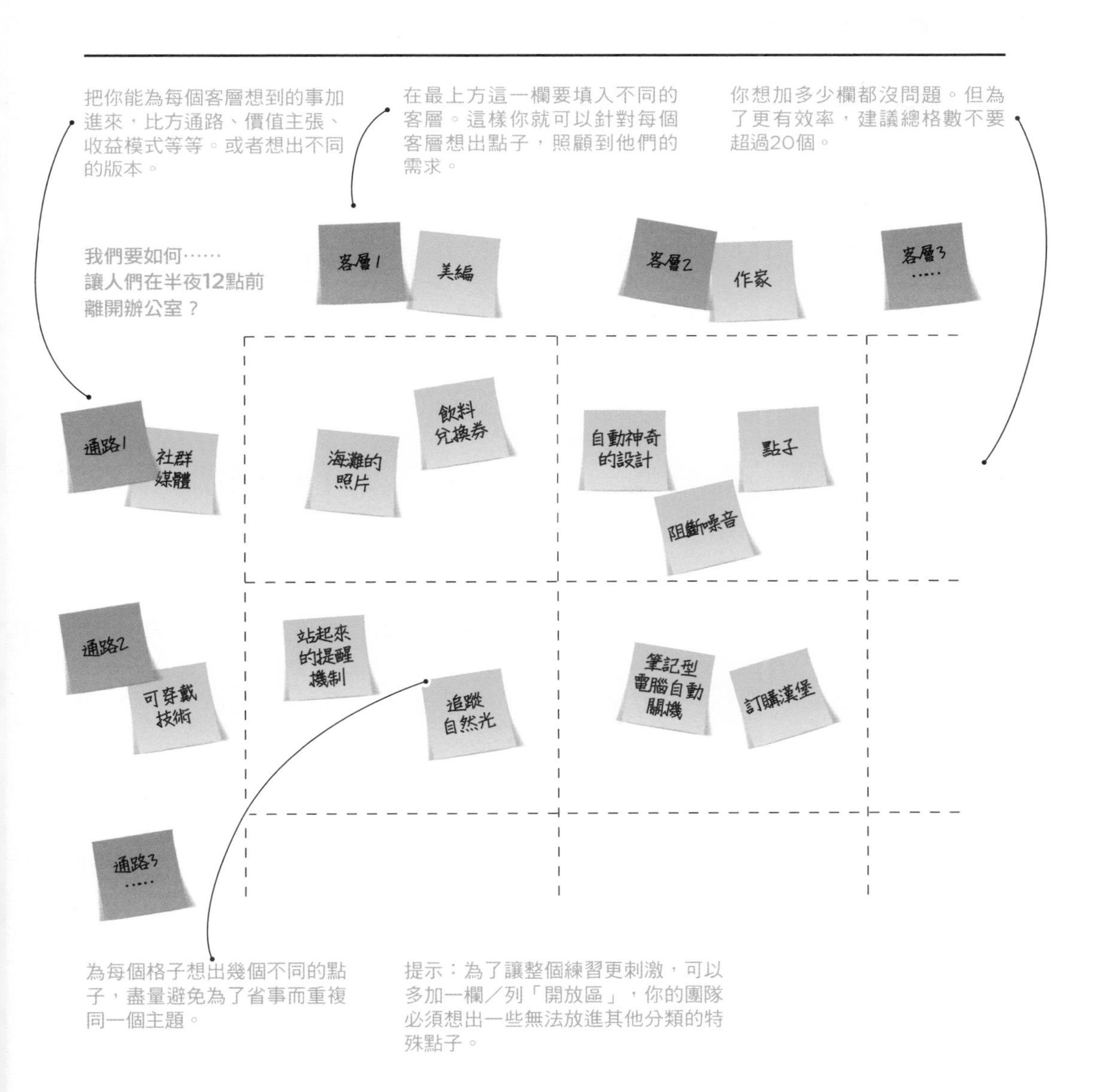

檢查表

- ☐ 所有格子裡都已經貼上可行的點子。
- ☐ 這些點子都定義得既清楚又具體。
- ☐ 你們已經想不出還有遺漏什麼類別。

下一步

> 驗證你的新點子。

工具 **商業模式圖**創意發想

只要你知道如何使用，商業模式圖會是一個絕佳的創意發想工具。本頁所介紹的工具可以協助產生出不同的選項，讓你可以進一步探索，或是暫時先擱置備用。

創造
創造點子

約30分鐘
壓力鍋

3-5人
小組人數

有關商業模式圖的描述請見第116頁。

新鮮觀察法

你迫切地需要根據目前的商業模式來開始創意發想？何不使用其他公司的商業模式來加快你的創意引擎？這就是「新鮮觀察法」創意發想技巧的用意。

新鮮觀察法就是混合其他公司或行業的商業模式（通常對方要跟你的業務或產業完全不同），然後跟你自己的產品做比對，看看你能有什麼不一樣的想法。比方說，如果你把Uber或亞馬遜的商業模式套用在你的公司，或是像串流服務業者Netflix、Spotify那樣運作，會如何呢？如果你的公司採用EasyJet或蘋果的商業模式，你的價值主張會如何改變呢？

無論你借用的商業模式是線上企業或是實體零售商，或甚至是一家知名公司，其實都不重要。新鮮觀察法，說穿了就只是透過另一副眼鏡去看你自己的公司而已。

拿掉你的核心

檢視你的商業模式，以便找出公司的獨門祕方——你非常確定這個東西決定了你的公司如何創造價值、傳遞價值及獲取價值。比方說，如果你經營的是一家軟體公司，這個獨門祕方可能就是你開發並販售的專利軟體。獨門祕方也可能是一個無法取代的合作夥伴，或是一個特定的目標客層。

現在把這個獨門祕方的便利貼拿掉。於是，你的商業模式很可能出現了一個大洞。你的任務就是把這個洞補起來。別作弊喔：不要偷偷又把那張便利貼黏回去了！這個限制絕對可以刺激你想出新點子。

創新震央

商業模式圖代表的是一個動態的系統。各個構成要素之間都會有因果關係的相互影響；改變其中一個要素，就會影響到另一個。因此商業模式圖也很適合利用一種叫做「震央基礎的創意發想」技巧。

在這個技巧中，你會有一個九宮格可以用來產生更多的點子。其中一個方式，就是清空商業模式中的八個格子，只留下一個焦點格子。如果只有這個格子保持不變，你要怎麼做？比方說，你要如何運用你公司的資

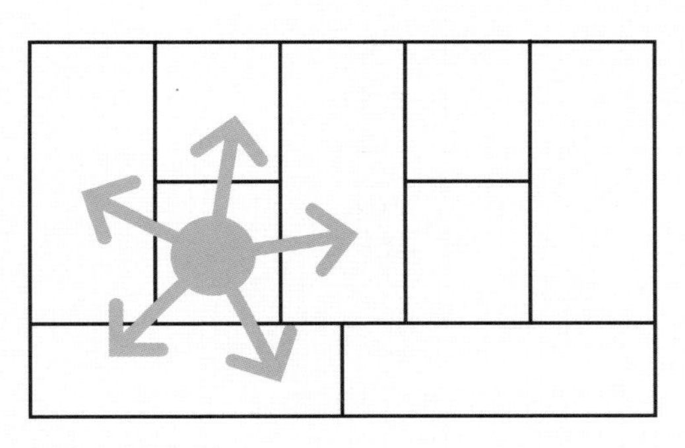

震央：資源驅動

所有商業模式都包括關鍵資源，這是整個商業引擎的基本元素。在亞馬遜網路書店的例子裡，這個關鍵資源就是IT基礎設施。如果你只剩下這個關鍵資源，整個企業要從頭開始，你要怎麼利用這個資源去做其他事業？

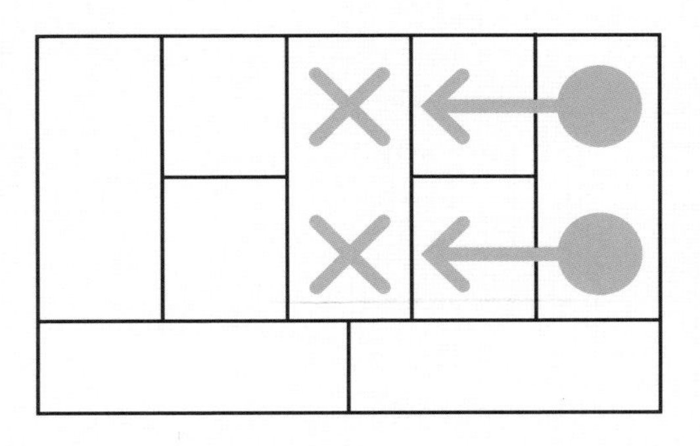

樣式：多邊平台

多邊平台的商業模式，就是有兩個或更多個目標客層，其中一個客層通常會利用平台當通路，和其他客層交換價值。Google就是利用多邊平台，透過AdWords關鍵字賺廣告客戶的錢。

源，創造出一個全新的商業模式？亞馬遜就是這樣做的，然後它們發現可以利用公司的雲端基礎設施來創造收益。

利用這個方法保留下來（聚焦）的格子，可以是你的客層（你還能提供給他們什麼？），或是你的價值主張（還有其他哪些客層是你能處理的？），或是你的收益流（你還有什麼其他方法可以販賣、出租你的產品或服務？），甚至是你的通路（你還能利用這些通路去做哪些事？）。

套用現成的樣式

當你瀏覽各種現有的商業模式，就會注意到有很多現成的樣式（pattern）可以套用。商業模式的樣式就像公式一樣，可以套用在一個商業模式去滿足一個新的顧客需求，或是開創一個新的收益流。有些商業模式樣式的著名例子，是利用訂戶收益流或是產品平台（或兩者都有），一部分的產品依賴另一部分的產品來賺錢。例如，便宜的刮鬍刀配昂貴的刀片，或是便宜的印表機配昂貴的墨水。■

下載

商業模式圖可從以下網址下載：
www.designabetterbusiness.com

檢查表

- ☐ 你已經想出了至上六個新的商業模式選項。
- ☐ 你想出來的選項每個都大不相同。
- ☐ 這些選項都很具體，而且是明確針對你的生意。

下一步

- 把這些選項向你的團隊推銷，看看大家對哪些點子最有共鳴。
- 挑一個商業模式，繪製價值主張圖。
- 挑一個商業模式，進行原型製作。

工具 創意牆

創造
創造點子

約30分鐘
壓力鍋

1人1組
但全員參加

問「假如……會怎樣」是一個很管用的方式，可以讓你在一面牆上填滿很棒的創意。你可以盡量利用這類觸發式問題，或者創造自己的方式！用快問快答的方式問問你的團隊成員這些問題，刺激每個人想出更多點子。

假如……
會怎樣？

觸發式問題
準備好20到30個觸發式問題，大概花10到15分鐘進行快問快答。

你們停賣公司最暢銷的產品或服務？
你們免費供應這個產品或服務？
把你們的產品轉為服務？
你們的產品只在網路賣，或完全不走網路？
你們提供一種訂戶模式？
你們使用一種「餌與鉤」模式？
你們提供一種免費增值模式？
你們只賣給消費者，或是只賣給企業？
你們可以刪去固定成本？怎麼刪？

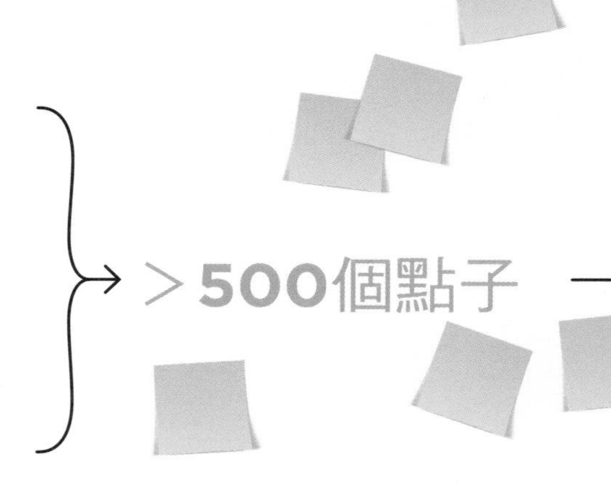

提出觸發式問題

這個工具的用意，是要讓一個團隊能在短時間內想出一堆點子，填滿一整面牆。這個技巧是利用觸發性問題，好讓創意源源不絕。

創意牆需要先做一些準備工作。首先，擬好一份觸發式問題的清單，才能以快問快答的方式向團員提問（大約一個問題30秒）。利用上述的問題清單當開頭，把不適用你業務的問題刪掉。把你既有的商業模式圖當成素材，用來發想新問題。比方說，假設你目前是透過零售商賣產品，那如果改成利用線上通路直接賣給顧客呢？結果會怎樣？你應該明白了吧。

然後開始快問快答，每念完一個問題，大家就把當下的想法用麥克筆寫在便利貼上。等到這個練習結束，每個團員面前的便利貼張數，應該至少跟問題數量一樣多了。

把點子分組
你可以採用親和圖法（將類似的想法歸為同一類），將這些點子分成幾組。

停車場
有些點子並非直接有幫助或直接相關，可以先放在停車場，稍後再來看。

讓大家看得到
整個牆面要保持能見度，讓大家隨時都能看到上面的創意點子。最後再檢查這面牆一次：你有漏掉什麼嗎？

3-5組

記錄你們的工作
拍張照片，記錄下你們精采的創意牆。

下載
觸發式問題的範例可從以下網址下載：
www.designabetterbusiness.com

把點子分組

問完問題後，讓每個人把自己的便利貼黏貼在牆上，一個答案寫一張，並大聲說出上頭寫的點子，這樣每個人就會曉得有哪些點子已經被貼上去了。找個位置隨便貼上去，先別擔心整理的問題。

接下來把這些點子分組，至多分成五組。你可以先界定好每一組的屬性，也可以利用親和圖的分組做法。

等到分組完畢，把結果記錄下來（拍照是最容易的）。把照片寄給團隊的每個人，也別忘了隨時跟他們報告往後的進度！■

檢查表

- ☐ 你們已經想出了至少500個創意（或每個人大約想出了25個創意）。
- ☐ 你們已經把這些創意按照合理的主題分組了。

下一步

› 挑選出最有希望的創意，繼續往下進行。

工具 創新矩陣

焦點
選擇點子

約45分鐘
開會時間

3-5
小組人數

你的創意牆填上了好幾百個點子，接下來就要挑選了。哪些是真正有希望的、可行的創意？利用創新矩陣及本頁的排序系統，把最好的創意過濾出來。

將你們的創意分類

人類很擅長分類。我們職業生涯的很多時間，往往就是花在把工作分類再分類。現在你要做的，就是把創意牆上五花八門的點子分類，一個2×2的四方格矩陣是絕佳的工具，足以應付我們天生的分類能力。

創新矩陣的垂直軸代表的是從漸進式創新到大幅度創新的變化，水平軸則代表降低成本及增加收益。你當然也可以利用自己定下的準則，來當成水平軸或垂直軸。無論你選擇什麼準則，都要確定這些準則有清楚的特質，可以幫你整理點子，並從中挑出一些點子去製作原型及驗證。

要玩，就玩大一點

有些創意會造成容易達成的漸進式改變，有些創意則會造成大幅度的改變，創新矩陣這個工具的設計，就是要將上述兩者區分開來。比方說，公司宣布所有員工都要雙面影印來降低成本，這個點子只會造成小幅度的改變。當然，對一家大公司來說，這可以某種程度地節省經營成本。總之，無論如何，這個改變可以也應該執行。大幅度的改變則會帶來大轉型，這類創意會落在矩陣上方的兩個象限。

如何使用矩陣？

使用創新矩陣時，要先把創意牆或模式圖上的所有點子拿下來，全部團員一起討論每個點子，看要放在矩陣的哪個象限。除非你把這個矩陣的兩軸改為你自己的準則，否則此時你們要討論的不是點子的可行性，而是改變的潛力。這是個漸進式的改變嗎？你的公司只要花一點工夫和資源就能辦到？如果答案為「是」，這個點子大概應該放在矩陣的下半部。如果是能產生更多收益的點子呢？那就要放在矩陣的右半部。

放大思考格局

如同在豐田金融服務個案中所描述的，當你發現大家的點子都集中在矩陣的下半部（即漸進式創新），就得想辦法讓大家放大思考格局，例如祭出打火石問題來當引子，或是採用「進入外太空」的動腦練習。

下載
創新矩陣圖可從以下網址下載：
www.designabetterbusiness.com

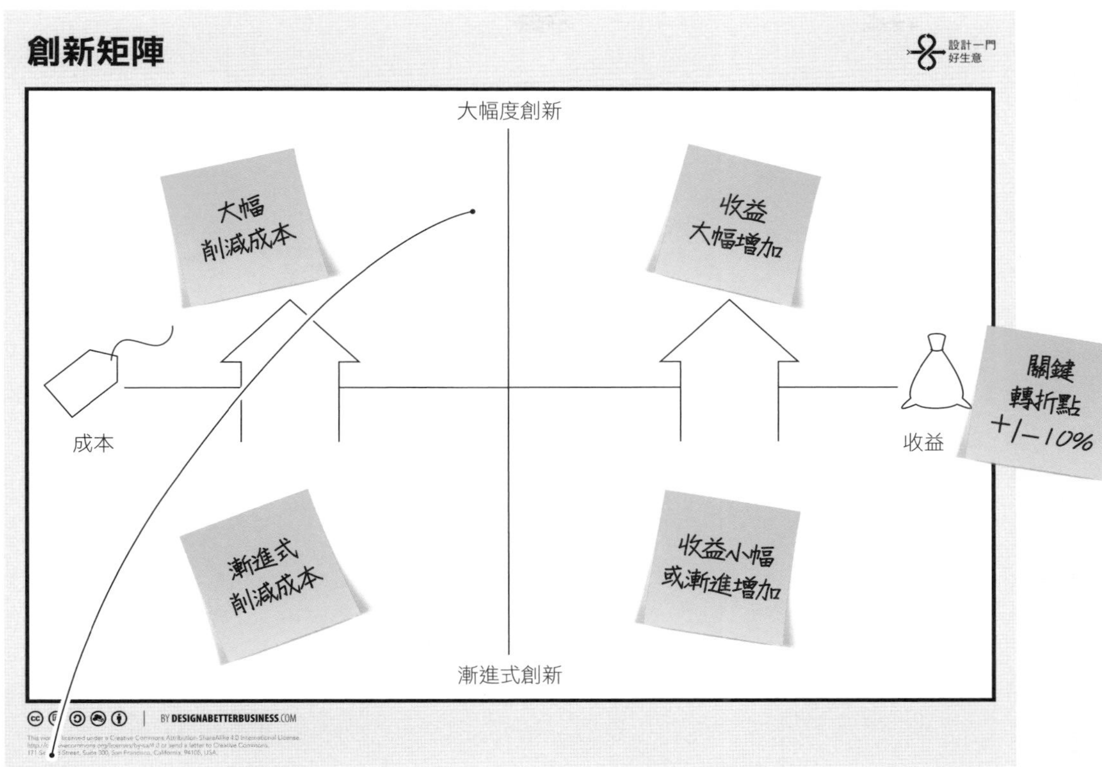

上方象限
你們想出來的創意最好是落在上方。

不要停下來
如果你們點子分類後，上方的兩個象限還是很空，就要再進行另一輪腦力激盪。

低垂的果子

在任何一個象限裡，都會發現到低垂的果子，也就是能輕易實現並獲益的目標。當矩陣完全填好後，你可能甚至會把這些點子指派給一些人負責執行。但是只有落在矩陣上半部的創意，才能做出最大程度的改變。■

檢查表

- ☐ 你們大部分的創意都落在上方的兩個象限。
- ☐ 投票結果非常明顯。
- ☐ 根據設計準則，你們可以清楚做出選擇。

下一步

> 你們能否驗證自己的創意？

創意發想妙招

你最可怕的夢魘

根據商業模式圖做創意發想，有個很棒的方式就是，想像你公司可能發生的最可怕夢魘。

假如你們沒有前人留下的任何資源可以依靠，必須從零開始？假如競爭對手把你完全擊敗、逐出這一行？這些都是企業最可怕的噩夢。如果你不去探索這些噩夢，機會就會跑到別人手上……

把創意發想遊戲化

讓參與者不要把焦點放在點子的品質，而是要以量取勝。

或許來個獎勵方案：貢獻出最多點子的人可以獲得獎賞。

重點不在於獎勵，而是在於良性競爭，同時也讓大家克服不安和恐懼。

以新創企業的心態去思考

假設你現在是一家新創企業的老闆，當你去看你現在這家公司所面對的機會和挑戰，你有什麼想法？利用這個方法，用一張全新、空白的商業模式圖，開始重新打造你的公司。

你的種種決定有什麼不一樣嗎？顧客需要的和想要的是什麼？你要如何調整你的價值主張來滿足他們？

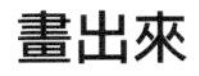

畫出來

請參與者把自己或別人的點子畫出來，而不是寫下來。這樣很好玩，這些創意會變得更具體而不再抽象。

如果有人擔心他們畫得不好，可以改用樂高認真玩（Lego Serious Play，一種以樂高積木為主、強調「動手思考」的創意啟發工具）來代替畫畫。

到戶外動動腦

把團隊帶到戶外，在市區挑一個忙碌、吵鬧、有很多刺激因子的地方。在這裡開會，進行創意發想。

把團隊成員的注意力引到周圍的事物上頭，讓大量的訊號和信息成為靈感的來源。留意傾聽四周的聲音，讓你們的腦子恣意跳躍。

獨特的人選

創意發想不只是創意部門或研發部門的事。找些獨特的人選加入，他們的表現可能會讓你嚇一跳。

擺脫你平常的視角。不要只從你現在的觀點去發想，如果你老是繞回到你已經擁有且已經知道的領域，那就試著從一個完全不同的基礎開始。

現在你已經……

> 填寫完**4-6張新的商業模式圖** P142

> 有一面創意牆上頭**至少有500個點子** P144

> 填寫完**4-6張新的價值主張圖** P106

接下來的步驟

> **為創意進行撞擊測試** P156
使用原型

> **複習你的觀點** P46
你是否充分挑戰過自己的願景？
你有必要調整觀點嗎？

> **挑選商業模式** P68
根據你的設計準則。

> **設計價值主張** P106
根據你的商業模式。

重點歸納

沒有什麼是**唯一的正解**。點子是一塊塊的踏腳石。

在玩樂中動腦，才是**創意發想的萬靈丹。**

創意不是來自神奇的平行宇宙。**啟動你自己的創意引擎。**

使用工具，拓展你的思考格局。深入探索較好的創意。

在往下進行之前，先**挑出幾個點子**。你不可能一口氣測試完500個創意。

騰出空間，才能進行更深入的思考。

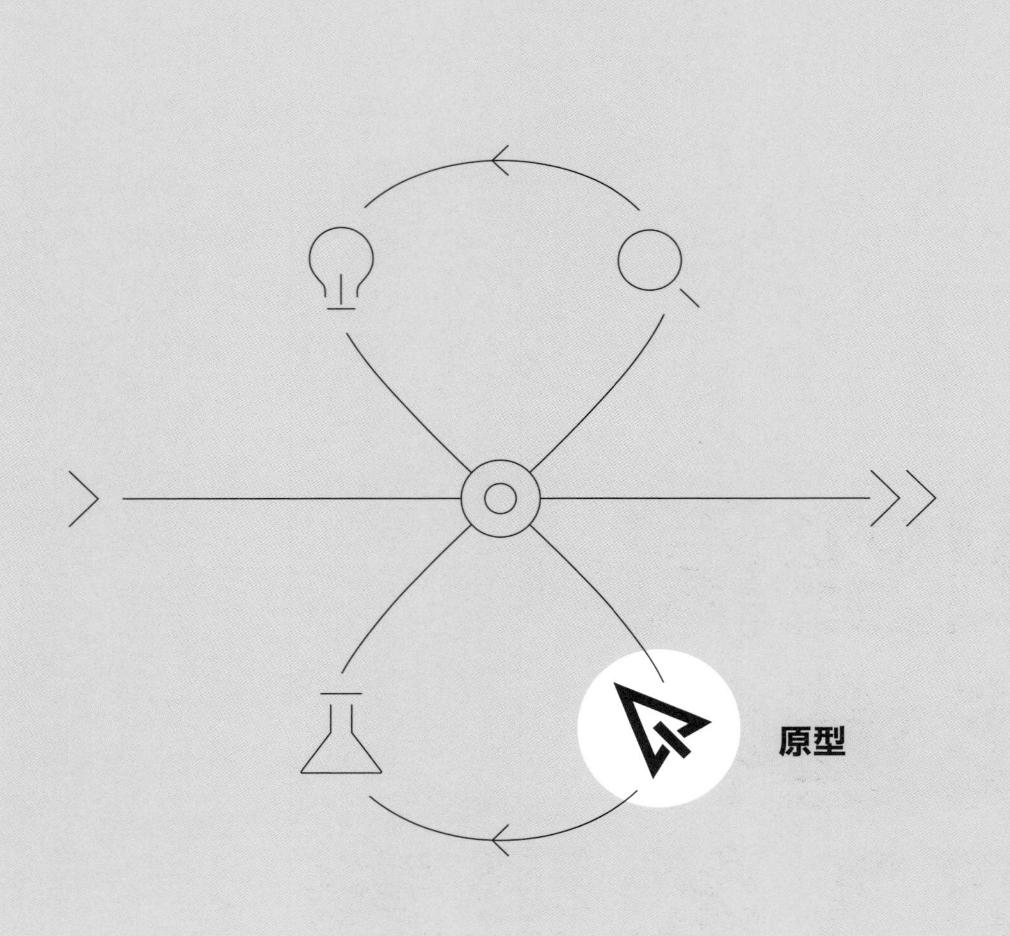
原型

設計之旅 **原型**

學習去**落實創意**

畫出一個原型**草圖**

製作原型

創客思維方式

把時間和精力花在你能掌握的部分，會讓你覺得比較有安全感，因為你知道技術上將面臨哪些挑戰。這樣一來，你很可能覺得不必管太多技術細節，跳過中間步驟，轉而把重點放在「解決大問題」上頭，例如開發更好的演算法等等。不過，為什麼要這麼做呢？

「你建造好，他們自然就會來了」的迷思*

當你獨自一人或與團隊一起，鎮日浸淫在你們的創意時，往往會感到很興奮（而且頗安全）。你大概花了數不清的時間、精力及腦力，在你覺得「最酷的」細節上。如果你是個技術人員或技術團隊的一員，你甚至會在還沒確定一個創意是否可行之前，就開始著手處理技術細節。

我們會這麼做，是因為這些事我們懂，有辦法自己摸索出來，不必踏出自己的舒適圈，感覺很自在，而且老實說，往往也可以解決個人的疑惑。因此，我們會忍不住跳過中間步驟，提前去「解決重大問題」，例如開發正確的演算法、配銷通路，或是生產製造的系統。

儘管解決疑惑很好玩，能讓人活力無窮，但如果是關於客戶端的產品，就沒有任何捷徑可言。你必須搞清楚如何解決最困難的挑戰：顧客對這個創意有共鳴嗎？如果不先解決今天的問題，那麼去解決未來的問題就毫無意義了。所以從頭開始吧！

從小處開始

學習像個工程師或建築師一樣的思考。就像現代飛機的發明者萊特兄弟一樣，在嘗試建造實際比例的飛機之前，他們先製作的是風箏；而建築師向來都是先從模型開始。你當然知道為什麼他們這樣做：假設你要設計的是史前巨石陣，在雇用幾百個人去移動那些六十噸的巨石之前，先用小型的石陣來測試一下，要便宜得多了。

同樣的道理，達文西在花大錢製造真正的機器之前，會先在工作室裡畫幾百張草圖、製作小模型，以排除種種問題。草圖不光是協助達文西解決潛在的結構問題，也有助於他向贊助人解釋及推銷他的點子。

萊特兄弟、史前巨石陣的建造者以及達文西，都是原型製作的能手。他們非常清楚，不能傻傻地自以為很了解自己

*典出電影《夢幻成真》，指的是棒球場蓋好了，人自然就會來了。後來被運用在商業上，用來形容「供應創造需求」。

的抽象概念，就能將第一次嘗試建構得完美無瑕。此外，這些業界能手也明白，必須讓其他人對某個創意有清晰的理解，他們才能熱心投入。首先，必須把創意具象化！

點子只是點子，不見得有用

說到底，點子也只不過是點子：是一個基於某些假設所形成的東西、在紙上看起來好像很厲害。點子是抽象的，本身沒有什麼實質性。當然，有些點子真的了不起，有可能徹底改變整個產業。但唯有把點子落實了，這個潛力才能發揮。最棒的一點是，在設計之旅的初期先製造簡單的原型，你會更容易發現這個點子的潛力。

原型是有形的，是手工製品

有個很知名的故事，說的是Dropbox的創辦人如何把他們的創意製作原型，以測試顧客的反應。這個創意今天看來似乎很簡單：讓人們可以在任何地方儲存檔案，而且走到哪裡都同步。但是，在Dropbox剛創業時，市場上完全沒有類似的東西。雖然技術上可行，但Dropbox的執行長安

製作原型，可以賦予點子形式與功能。

德魯・休斯頓（Andrew Houston）真正想知道的，是顧客是否願意試用他們的產品。他想先知道顧客對他的創意有什麼感受和願景，所以他沒有花時間和金錢把產品推向市場，而是製作了一段影片示範如何使用Dropbox。這不是推銷影片，而是體驗Dropbox的原型，他唯一花的成本就只有製作的時間而已。最後，這個原型協助休斯頓和他的團隊對顧客有充分的了解後，才推出了Dropbox。

就像Dropbox的影片，這類原型並不是要成為一個完善的產品。原型是要供那些有真正價值的顧客去體驗，好讓設計者能從中學習，最終改進他們的創意。因此，原型比一個點子或甚至是紙上作業要豐富得多。原型讓你可以探索不同的角度。

提示！ 利用手邊的工具，練習將你的點子具體化。不管是紙筆、便利貼或是簡報軟體，有時最簡單的東西就能成為最實用的原型製作工具。

為什麼原型（尤其是視覺化原型）會管用，這是有科學根據的：我們是視覺及聽覺的動物，而且渴望親自體驗。如果能看到、摸到或操作某個東西，感受到重量，看到它對某個行動的反應，會比描述帶給我們更深刻、更觸動內心的了解。這正是原型能達到的效果。

為點子進行撞擊測試

原型製作的重點，在於落實你的點子並從中學習。把你的原型想成是操控汽車的撞擊測試。你想要更了解哪個方面？是產品的整體感覺、下載體驗，或是開著車子在市區跑的感覺？無論你的創意是什麼，都有原型協助你在真實世界測試。此外，原型製作有兩個方向，其一是讓你更了解哪些部分可行、哪些部分或許不可行；其二是測試顧客（或用戶）的反應。

無論是哪一種，你都必須先問自己，你要測試的是什麼。你真正想知道的是什麼？在談驗證的那一章，有許多很棒的工具和製作原型的初步方法，可以讓你在測試顧客反應時使用。重要的是，即便你和團隊要爭取時間很快就做出一個樣品出來，也一定要弄清楚你們製作這個原型是想了解創意的哪個部分。

設計你的原型，來測試某個特性

一旦你弄清楚自己真正想要測試的是哪個特性之後，接下來就要設計出一個符合條件的最小原型。一開始的原型要越小越簡單越好，除非有必要，不要做得太精細。務必要一再地問自己：有辦法做得更簡單嗎？還可以去掉什麼？保留這麼多特性真的有必要嗎？

記住，開始製作原型永遠都不嫌早。無論是一整個創意或其中的某個元素，製作原型的關鍵都一樣：確定你想了解的是什麼、開始製作原型，以及保持簡單。關於這一點，Dropbox的安德魯．休斯頓說得最好，「不上市很痛苦，不學習會致命。」

簡陋並不等於劣質

特別是在產品開發的早期階段，原型不要做得太精細。事實上，一開始的原型可能非常粗糙或甚至醜得要命。原型應該能發揮用途就好，只是用來測試顧客的反應，或只是讓團隊看看是否行得通。

總歸一句話：根據工作需要來設計出正確的原型。在你的設計之旅一開始時，如果把資源花在製作精確的原型就太浪費了，這些資源你可以用在其他地方。製作原型，只是要測試一些最基本的東西，看起來假假的沒關係，而且它本來就是假的。保持原型簡單粗糙，並且盡量從中學到越多越好。但是要快，而且要重複多做幾次。

沒必要等待

有趣的是，有經驗的設計者往往會提防那些好看的原型所造成的謬誤。漂亮的原型看起來太迷人了，會讓你或其他人忽略掉一些既有的潛在問題。

看到這類原型，人們只會被它的外形或呈現的感覺吸引，你就無法從這些測試中學到東西並且改進。這麼一來，你就會被引導到完全錯誤的方向。你的原型要做到多細，應該要看你設計之旅的進度。一開始先做低擬真的原型，後面階段再做高擬真的原型。

本章接下來會介紹一些例子和工具，協助你開始建造你自己的原型。開始永遠不嫌早！真的。■

當自己的**白老鼠**

別以為光靠腦袋想想就夠了。你必須為你的設計製作原型，不只是為了顧客，也為了你自己。

在任何設計流程中，設計團隊都務必要盡可能深入了解所設計的東西。你們創造的是什麼？要怎麼運作？感覺起來如何？如果你們設計的是一種數位服務，有什麼辦法能盡快在螢幕上（或紙上）模擬演練？或許你可以利用PowerPoint或Keynote等簡報工具辦到。如果是實體產品，是否可以找其他產品來修改，盡量貼合你們想要的形狀和重量？

設計之旅每進入一個新階段，你都要讓自己去熟練設計的所有狀況。最好的方法，就是自己試用看看。身為設計者，你就是你自己的白老鼠。

製作原型並自己試用，會讓你在如何解決問題、顧客會如何反應，以及接下來的步驟要做什麼等等方面，得到更多想法。

如果你正在設計的是一項產品，最好把自己當顧客，先試用一下原型。如果你正在設計的是一套流程或服務，就把自己當成第一個用戶。

原型製作入門

1 先畫草圖

畫草圖是一個很棒的方式，可以讓你很快從不同角度摸索出一個原型。你可以畫在餐巾紙後面，或是利用紙板、代碼、試算表、樂高玩具、焊接工具，甚至是你午餐桌上的鹽罐和胡椒罐，做出大略的樣子。

草圖就是粗樣，是一個低度擬真的作品，重點不在於細節。細節可以晚一些再弄。

2 保持簡單

如果你沒有預算，也沒有時間呢？那麼，給你三十分鐘，你可以完成什麼？好玩的是，給自己多增加一些限制，反倒會提高你的創造力。這樣你就沒有時間去追求完美，也有助於避免下意識的直接反應，例如立刻找外包或雇用開發人員去製作。

馬蓋先一下吧！（沒錯，MacGyver在牛津英語辭典是動詞無誤，指的是利用手邊的東西修復或做出某個裝置。）只用你辦公桌抽屜裡面的材料，盡你所能地拼湊出最克難的原型。不必花什麼時間就能做出來，而且幾乎可以確定，一定能讓你學到一些新東西。

提示！ 問自己以下的問題：你真的有必要製作原型嗎？有辦法從手邊現有的東西取得你需要的大部分材料嗎？你有辦法將幾個既有的產品拼湊在一起嗎？

3 你身邊就有現成的材料

在早期階段製作原型時，只要曉得自己想要測試什麼，根本不必動用什麼花稍的材料。通常只要一些辦公文具、紙張、手邊上的任何東西，拼湊一下就行了。馬克杯可以扮演顧客，電話可以權充店長，你自己可以包辦店內的各種互動。不要誤以為自己需要一些昂貴的元素或複雜的流程，才有辦法進行測試：先設法「假裝」看看。

4 為原型製作原型

天馬行空去發想及分享大量的點子是一回事，而選中其中的一些點子更深入探索又是一回事，尤其是要挑選少數創意去製作原型及驗證時。這個創意的核心概念是什麼？要用來幫誰解決什麼問題？顧客會願意付什麼代價？他們一開始會怎麼找到這個產品或服務呢？

你不可能把每個點子都探索得這麼深入，但有些點子的確需要更多的情境模擬，才能更深入了解其中最重要的特質，以及你想出這些點子時的種種假設。

5 簡報很重要

簡報也是製作原型的一部分。就算只是一份手寫的簡單報告，如果你希望拿給別人看，讓對方回饋你誠實的意見，你就必須認真以對。你做簡報的方式會設定人們的預期，而如果設定錯誤的預期，就無法從中學到你想要的。

6 謹守時間

務必訂出緊迫的截止時間：時間限制能讓你更有創造力，你會因此設法在最短時間內製作出原型。否則時間一拉長，你把原型弄成產品的風險也會變高，你會開始東加西加一些沒必要的東西。

為**投票**製作原型

你要如何把抽象的點子做成原型，用來解決一個像投票率這麼棘手的大問題呢？答案是：尋找痛點！

投票的痛點，在於選民登記的流程。一群MBA學生利用原型製作，來測試他們構想出來的點子。

他們一起製作出一個新的登記辦法，並記錄人們如何利用這個原型的體驗。無價！

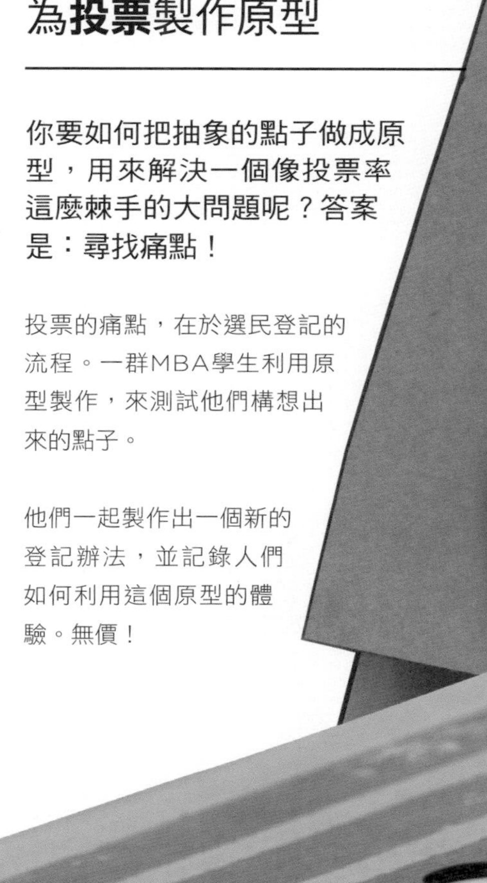

由DMBA創新工作室MACCR團隊於2015年製作的投票法原型（團隊成員包括Riley Moynes、Cynthia Randolph、Meghan Luce、Amodni Chhabra及Chandrima Deuri）。

製作原型前的簡易替代方式

在你花大錢製作原型之前，有很多簡易替代方式可以先「充當」一下。至於應該挑哪種方式，要看你想製作原型的是什麼點子。另一個決定因素，則是要看能否找到資源。有時一個簡單的原型就能奏效，有時你需要做得更精細一點。以下概略敘述從簡單的技巧到需要更多資源的各種狀況。

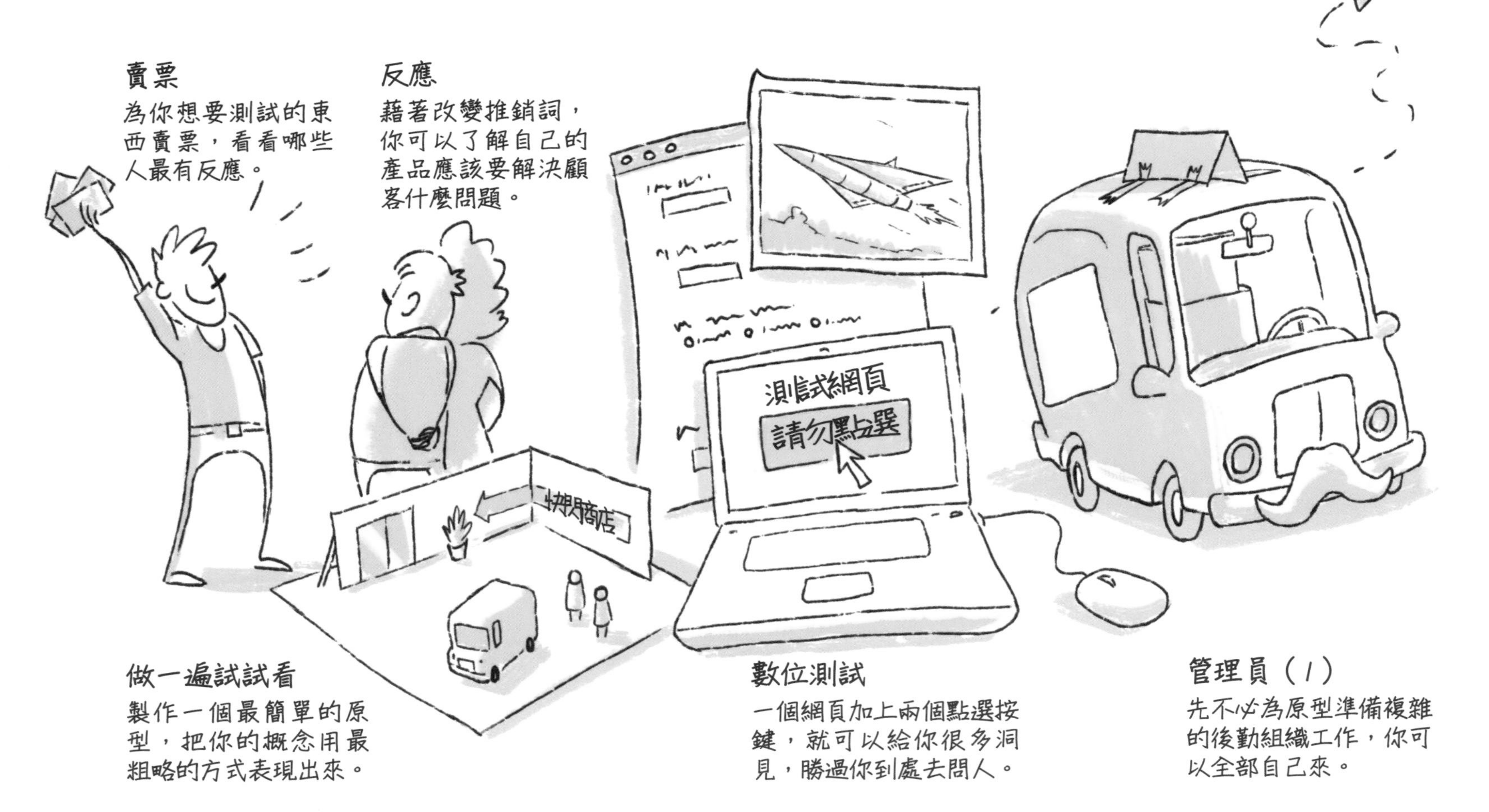

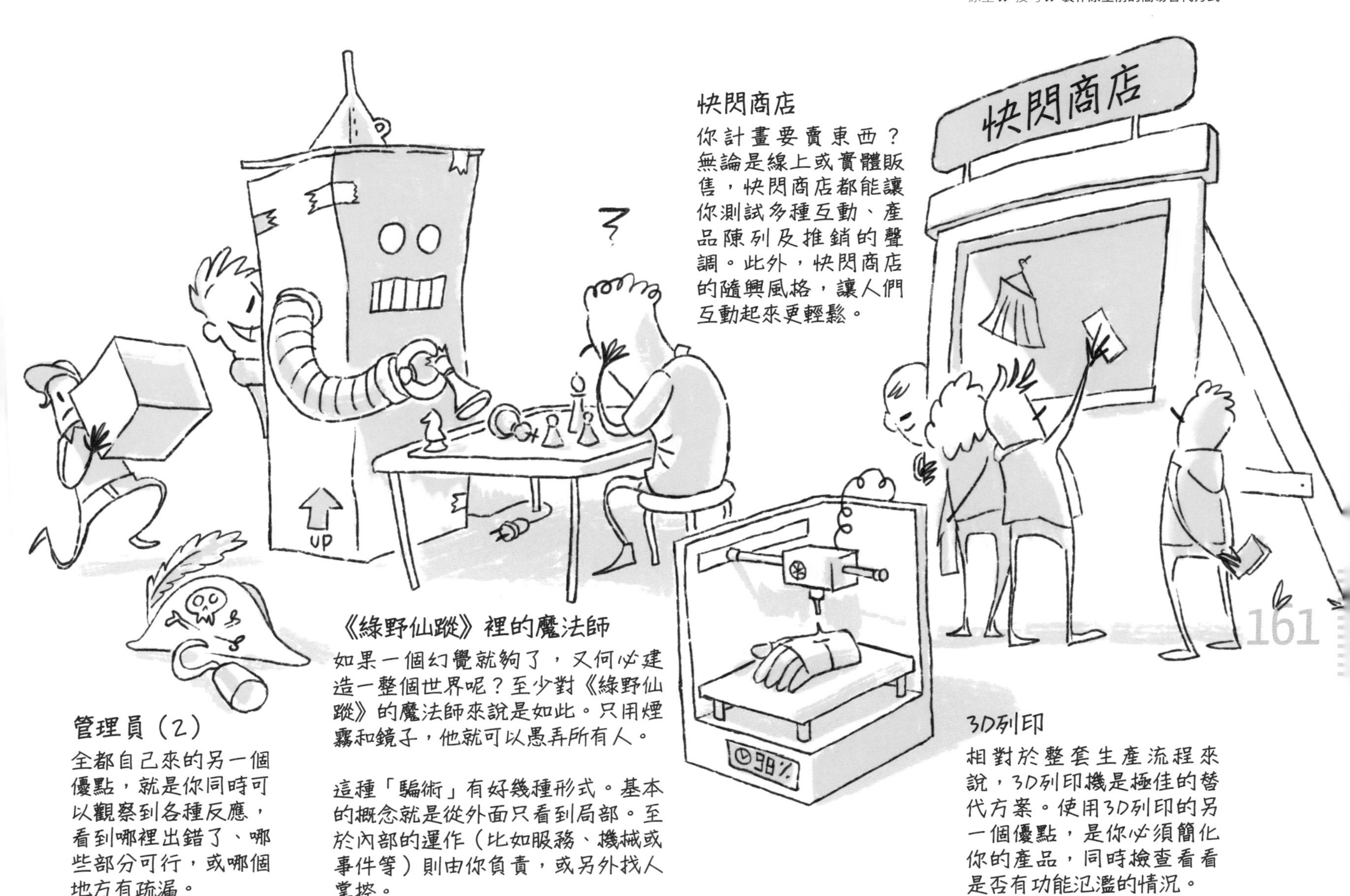

快閃商店

你計畫要賣東西？無論是線上或實體販售，快閃商店都能讓你測試多種互動、產品陳列及推銷的聲調。此外，快閃商店的隨興風格，讓人們互動起來更輕鬆。

《綠野仙蹤》裡的魔法師

如果一個幻覺就夠了，又何必建造一整個世界呢？至少對《綠野仙蹤》的魔法師來說是如此。只用煙霧和鏡子，他就可以愚弄所有人。

這種「騙術」有好幾種形式。基本的概念就是從外面只看到局部。至於內部的運作（比如服務、機械或事件等）則由你負責，或另外找人掌控。

管理員（2）

全都自己來的另一個優點，就是你同時可以觀察到各種反應，看到哪裡出錯了、哪些部分可行，或哪個地方有疏漏。

3D列印

相對於整套生產流程來說，3D列印機是極佳的替代方案。使用3D列印的另一個優點，是你必須簡化你的產品，同時檢查看看是否有功能氾濫的情況。

原型製作的故事

卡片組

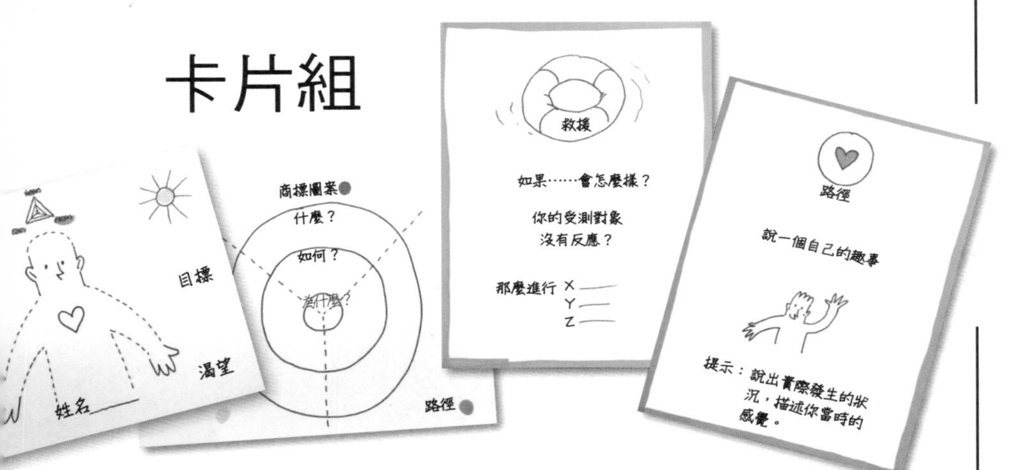

我們想研究一套説故事的格式，於是開始製作這個原型：用一組卡片來協助人們以十個步驟去建立及分享故事。在製作原型的同時，我們也發現了一個超屌的簡易版本。

關於說故事的方式，更多資料請參見第74頁。

製作VIP優先佇列的原型

一家大型銀行想出一個點子，要為他們在俄羅斯的各分行增加一個VIP服務，協助忠實顧客更快處理事務。一開始他們想做市場調查問卷，好判斷顧客的反應。我們說服他們把這個服務的原型先在其中一家分行實際試行，結果顯示，顧客的回饋驗證了這個想法，並讓他們有了更大的改進空間。

為商業噴射機體驗製作原型

一家新創企業想經營阿姆斯特丹到巴黎的商業噴射機服務，為了弄清楚這個點子是否可行，公司的幾個創辦人花了幾天搭乘高鐵，把他們的點子秀給商務人士看，詢問他們會不會有意願去買這樣一張機票。這些創辦人不只是挑對正確的假設去測試，而且挑的測試對象大抵來說也是正確的。這麼簡單、有效的原型，只花了他們買火車票的錢。他們所獲得的寶貴資訊，則是無價的。

用PLAYMOBIL®娃娃屋來排演

有回我們要籌辦一個大型的策略活動，與會的包括幾百名高階經理人和一家歐洲大銀行。籌備期間，他們的財務長想出了一個原型製作的點子：使用Playmobil娃娃屋的玩偶來排演整場會議。這場排演協助所有與會者了解自己的角色，以及自己應該待在哪個位置。這是紙上作業無法突破及解決的瓶頸。

戳破泡泡

在荷蘭阿姆斯特丹的創業社群品牌Impact Hub據點，我們協助想創業的人把創意轉為可行的生意。其中一個參與者就經歷了創意轉折的時刻。原本他的點子是提供有機洗髮精給忘了帶洗髮精去健身房的人，按照他的想法，朝向企業化的第一步就是開發出一種昂貴的洗髮精供應器，放在當地的健身房裡。我們說服他拿幾瓶洗髮精放在附近一家健身房的桌子上，並附上一個說明牌子。這個做法讓他省了好幾百塊歐元和很多時間，而且當天就獲得他想要的回饋了。

為價格吊牌製作原型

一家新創企業想為他們準備推出的產品，進行價格吊牌的原型測試。

他們把標上不同價格的樣品放在不同的實體店面裡，看看會發生什麼事。所以，你的產品何必走到哪裡都統一定價呢？

為你的原型設定品牌

在一家大型消費品公司的創新工作營中，各團隊被要求要像個新創企業一樣思考並運作。為了讓大家感覺更真實，整個工作營的組織安排都隨之改變，各團隊所代表的新創企業都被分派了一個品牌，還印在T恤上。這麼一來，各團隊就能進入正確的思維方式！

針對未來
製作原型

個案研究 歐特克

為未來製作原型

歐特克（Autodesk）是一家大型軟體公司，他們開發並販賣與設計相關的軟體，創立至今三十餘年。最著名的產品，就是他們創業的旗艦設計軟體AutoCAD。

在電腦輔助設計之外

雖然很多人可能沒聽過歐特克這個名字，但該公司的軟體卻觸及了大部分人的生活。過去三十年來，地球上大部分人類所創造的事物（包括設計與製造），從你坐的椅子、你居住的建築物、你開的車子，到你所看到的大製作電影的特效，很可能都至少有一部分是歐特克公司的軟體所製作出來的。

儘管歐特克公司的軟體已經如此普及，但過去十年來，該公司的領導階層仍持續不斷地為公司的下一步積極探索。除了既有產品的逐步改進之外，歐特克也一直在開發新工具，用來解決顧客日後可能會面對的設計問題。

歐特克的執行長卡爾．巴斯（Carl Bass）本人就是個「創客」中堅分子，他不僅對於找出可擴張的潛在市場有興趣，也對提早且頻繁地製作原型充滿興致。原型製作能得

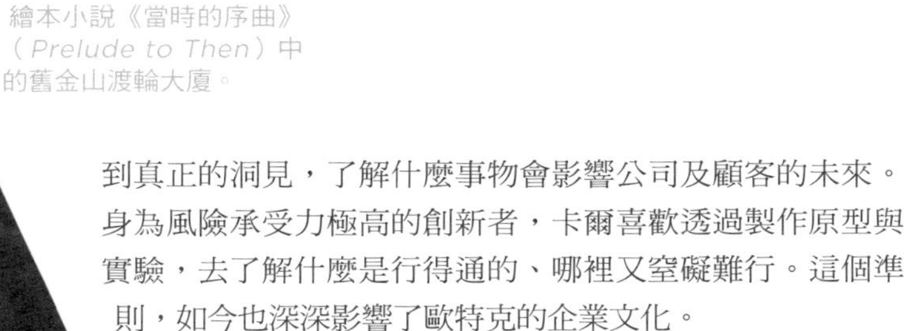

繪本小說《當時的序曲》（*Prelude to Then*）中的舊金山渡輪大廈。

到真正的洞見，了解什麼事物會影響公司及顧客的未來。身為風險承受力極高的創新者，卡爾喜歡透過製作原型與實驗，去了解什麼是行得通的、哪裡又窒礙難行。這個準則，如今也深深影響了歐特克的企業文化。

接著，來看看歐特克「應用研發實驗室」的領導人莫里斯・康提（Maurice Conti），他同時也是技術長辦公室裡負責策略創新的主管。

卡爾・巴斯：迅速證明或推翻假設，以便從中學習。

挑戰

回到2010年，歐特克的技術長傑夫・寇瓦斯基（Jeff Kowalski）交給康提一個任務：「去找出我們公司的盲點。」康提知道，所謂的盲點，就是公司自己人看不到的。他必須去研究公司沒接觸過的領域，尋找可以聚 »

焦的新機會，而且要思考一些還沒有人想過的事。於是，康提開始了他的探索。

恍然大悟

當康提四處搜尋盲點時，他開始注意到緊鄰歐特克傳統焦點的其他不同領域。比如說，當他深入挖掘製造業時（這是歐特克最重要的專注領域之一），就在高階機器人技術部分看到了一個機會。「我們在那方面沒有任何真正的研究，」康提說。「沒有策略，沒有計畫，也沒有想法。我認為我們以前大概忽略了一個對未來很重要的東西。」

康提更有興趣的是，他認為機器人可以用來提高人類的生產力。目前一般的說法，都認為增加機器人的使用，基本上就會逐漸取代人力，但康提有不同的觀點。在他看來，有很多工作是單用人類或單用機器人都無法做好的。若是讓人類和機器人以一種互利的方式合作，基本上就會改變工作的方式，讓很多事情執行得更安全、更有效率，效果也更好。

康提和他的團隊開始埋頭研究這個機會。在提出了很多問題（也就是觀察）之後，這個團隊決定製作一個原型劇本，讓人類和機器人並肩合作（而且不擔心機器人會壓扁人類）。為了測試這個原型，康提團隊裡面的首席研究工程師大衛．湯瑪森（David Thomasson）開始編寫程式，設計出一種造價便宜的桌上型小機器人，讓它觀察並學習人類。「比方說，先讓機器人去觀察一個工藝師傅如何雕刻木頭，等機器人學會工藝師傅偏好的雕刻類型後，再讓機器人加入，或是重複這些動作，或是做一些小變化，這樣人和機器人就可以一起工作了。」

在團隊持續為這個創意製作原型的過程中，除了碰到更多問題外，也得到了不少新洞見。想為工業機器人設計程式，要怎樣做才會更容易呢？一般工廠的軟體，都是讓機器人重複做同一件事好幾千次。但如果你希望的，是讓機器人一次能做好幾千種不同的事情呢？我們可以即時和機器人互動，不必整合CAD/CAM技術嗎？可以只靠手勢和一般語言進行溝通嗎？或者，我們可以教機器人學會如何利用它們自己的深度機械學習系統來做事，這樣我們就不必亦步亦趨地告訴機器人怎麼做，只要告訴它做什麼就好？

康提的態度是：要深入了解這類問題，就必須透過原型製作去實際試著回答。 »

未來的廚房
摘自歐特克應用研發實驗室所製作的一本繪本小說。

個案研究歐特克：**為未來製作原型**

你想像、
設計，我就會
創造出來。
SEER

設計之旅
摘自歐特克應用研發實驗室所製作的一本繪本小說。

這個故事帶給我們的啟發是……

康提的團隊對於研發有一套獨特的方法，他們稱之為「風險與決定論」。一直以來，歐特克的產品開發團隊必須按照企畫日期，提交高品質的軟體。他們無法承擔太多風險，何況公司還要仰賴他們的決定論。相反的，康提的小團隊可以承擔更多的風險，如此一來，產品團隊就毋須承擔過多的風險。康提這個包括設計師和工程師的六人小團隊，開始迅速且反覆地為新點子和新概念製作原型。他們不必投入一大堆資源，就能很快對核心挑戰和機會有所了解。

康提認為，這個團隊要能成功的重要關鍵如下：跟管理階層有直接的聯繫管道，給予他們需要的掩護，讓他們能為了開發創新的點子去冒必要的高風險。這樣的直接管道也建立了一條便捷的回饋圈，讓研究室的發現能很快影響公司的策略。

必要條件之一，就是為原型建立一條明快且積極的時間軸，以證明其價值。通常這個應用研發實驗室的運作時間大約是三個月。有些點子可能會花更久的時間，但製作原型一般會很快且會反覆迭代進行。

此外，點子和原型最後都必須都能連結到公司的願景和核心策略。這個團隊非常清楚，他們的任務就是要提供價值給公司。

最後一點是，原型製作未必是實體的，也不見得要花很多錢。事實上，說故事也能成為早期階段製作原型的一個好方法。

在這樣的狀況下，康提和他的團隊發展出一些方法，以便有效地探索長遠未來的種種概念。他們把這些概念稱之為「策略性的未來」，但其中的技術有時也稱之為科幻未來（Scifi Future）、情境分析，或是世界建造。

以繪本小說的形式，藉由說故事去探索與該公司相關的未來，歐特克可以驗證並執行新的商業模式，而不必浪費時間和金錢去落實每個點子。■

遙遠的未來

歐特克應用研發實驗室／著

為遙遠的未來製作原型，需要大量的創造性和強有力的觀點。

拼湊出原型

在歐特克公司發生的很多事情，都是在為可能的未來製作原型，而這個未來通常是在十八個月以內。然而，若想要為更遙遠的未來製作原型，就要仰賴康提所領導的「應用研發實驗室」了。

當你想到跟設計有關的遙遠未來，腦中可能會浮現機器人或電影《關鍵報告》（*Minority Report*）風格的使用者介面。推得更遠更深，你就會發現，乍看之下，所有的研究領域似乎都離現實世界很遠。以合成生物學為例，就在此刻，歐特克的研究人員和工程師正在製作軟體原型，想設計出奈米級的生物結構。這種結構就像裝著一個癌症藥物分子的上鎖生物箱，在人體血管中流動，只有碰到癌細胞時，箱子才會打開。或者3D列印出有訂製基因組的酵母細胞。

把資源花在遙遠的未來，所要面對的挑戰就是，你很難去描述為什麼這個研究和後續的原型很重要。這時，說故事就發揮作用了。

說故事

過去一年，歐特克應用研發實驗室的資深研究工程師艾文．安瑟頓（Evan Atherton）和一小群實習生一直在創作繪本小說，為遙遠的未來製作原型故事。這個臨時拼湊的團隊，為非常遙遠的未來（大約在三百年後）創作出豐富的環境，以傳達某些歐特克今日正在研發的技術有什麼可能性。這些小說並不是什麼重量級的行銷材料，之所以要出版這些故事，只是想要連接公司內外部的人，給他們一個提出問題的平台。而且，儘管結果難料，這個計畫的成本其實非常小。■

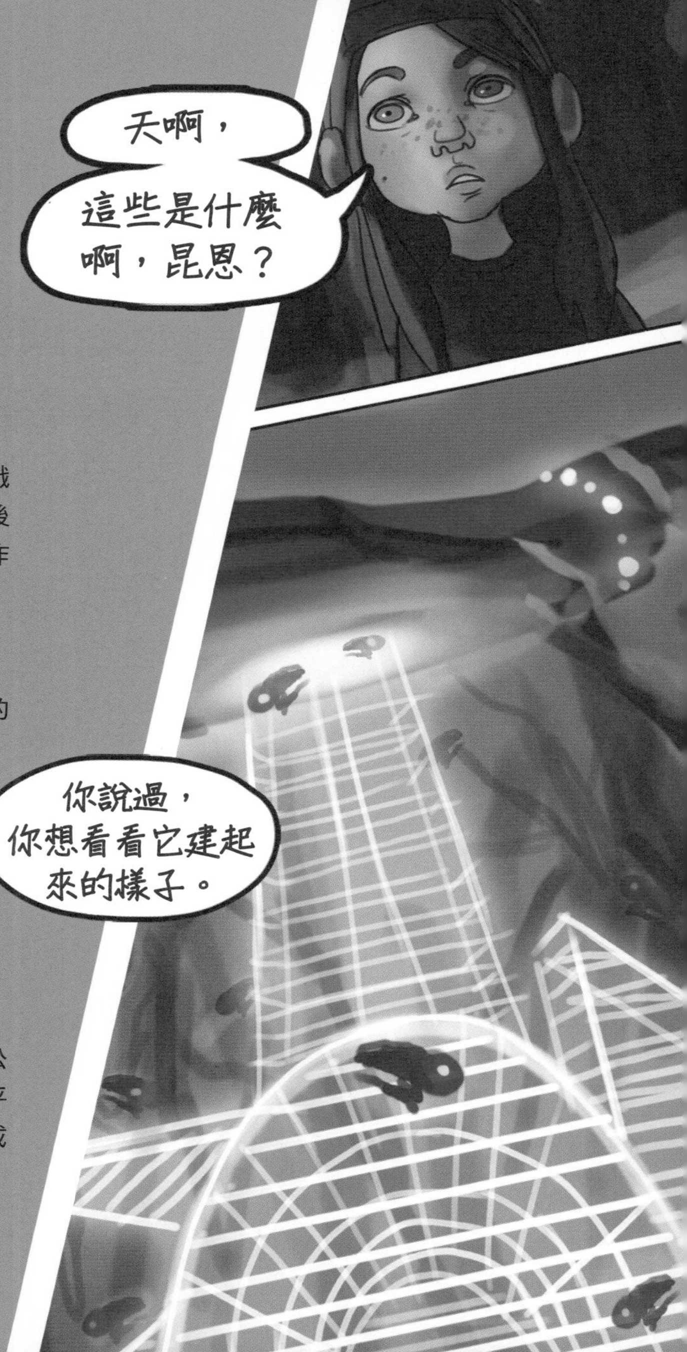

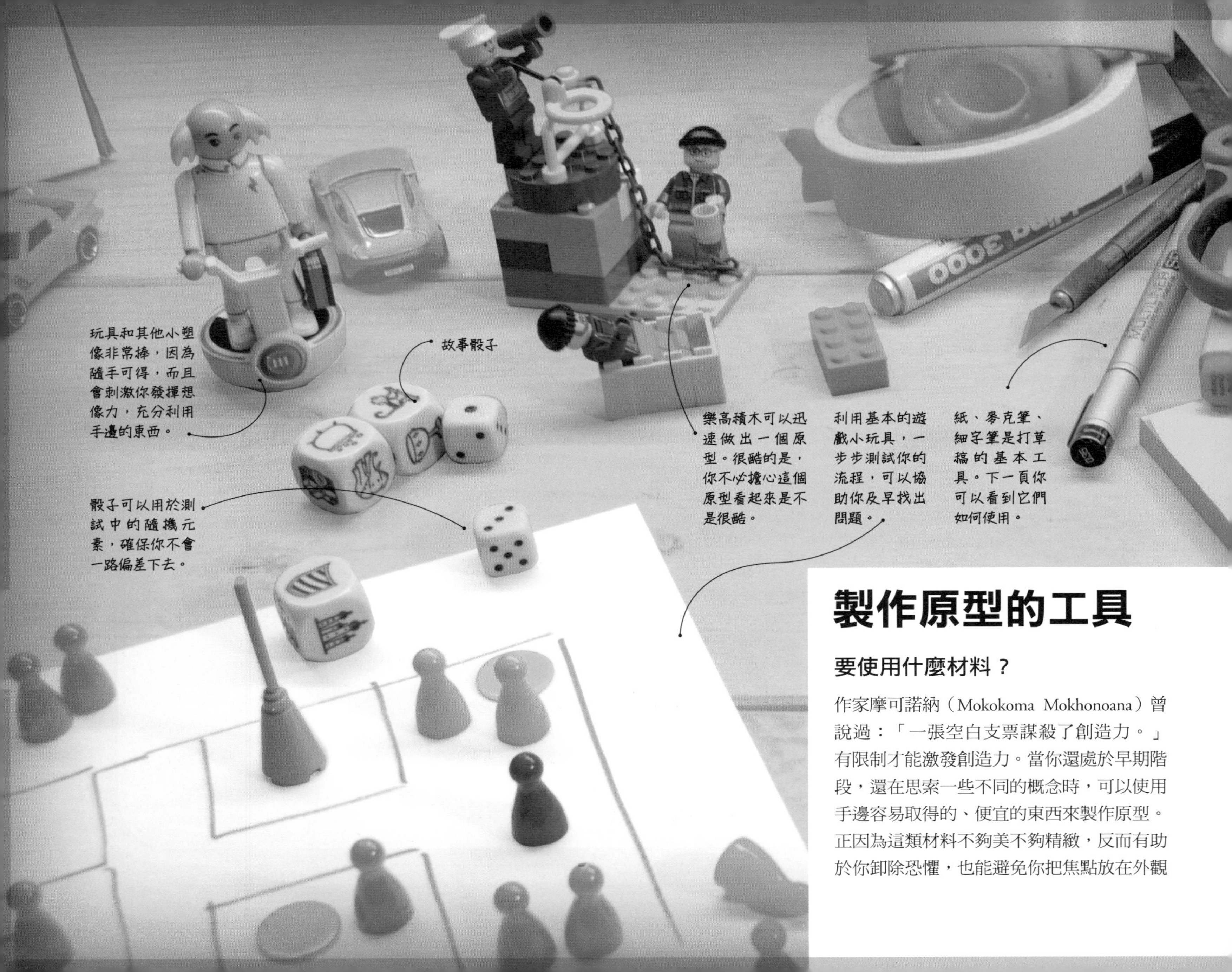

製作原型的工具

要使用什麼材料？

作家摩可諾納（Mokokoma Mokhonoana）曾說過：「一張空白支票謀殺了創造力。」有限制才能激發創造力。當你還處於早期階段，還在思索一些不同的概念時，可以使用手邊容易取得的、便宜的東西來製作原型。正因為這類材料不夠美不夠精緻，反而有助於你卸除恐懼，也能避免你把焦點放在外觀

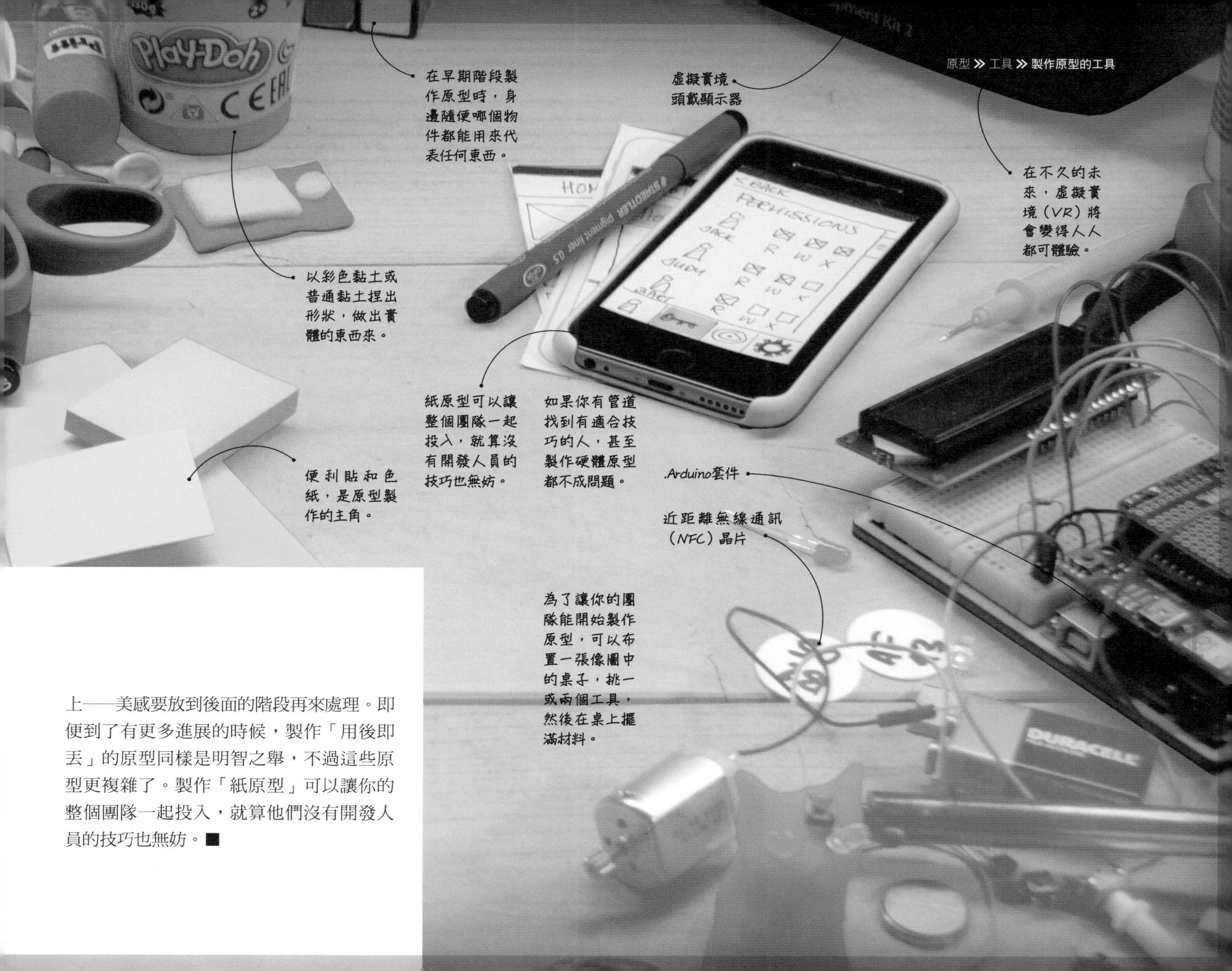

上──美感要放到後面的階段再來處理。即便到了有更多進展的時候，製作「用後即丟」的原型同樣是明智之舉，不過這些原型更複雜了。製作「紙原型」可以讓你的整個團隊一起投入，就算他們沒有開發人員的技巧也無妨。■

工具 畫草圖

只要一枝麥克筆和一張紙，就足以讓你解決問題！

具象的
畫出原型

約30分鐘
開會時間

個人／團隊
分享成果

草圖原型

跟你的團隊一起用最原始的方法把原型畫出來，這是一個超級有效的方式。

我們用一個虛構的例子，來看看這個工具要如何使用：一家公司想要以現有的腳踏車為基礎，發展出一套以健康為導向的交通新模式。

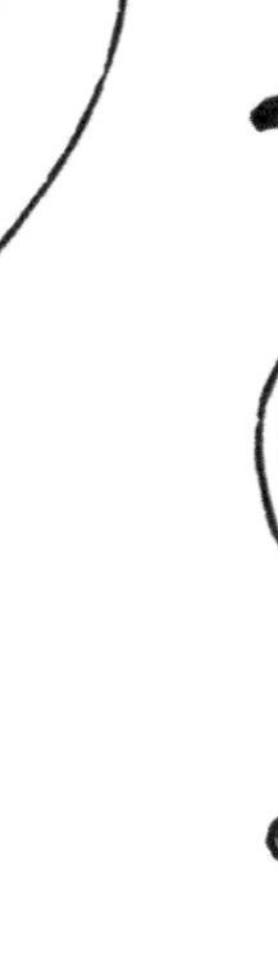

① 你想解決什麼問題？利用你稍早彙整好的設計準則（見第68頁「觀點」），設定你的範圍。

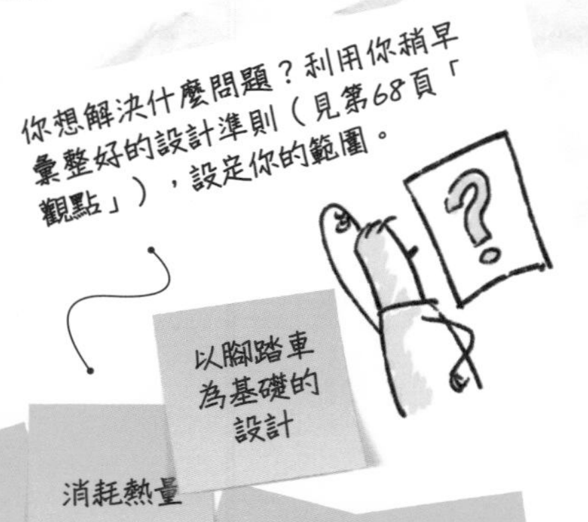

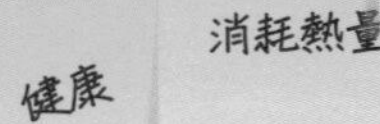

② 一次解決一個問題。你第一個想處理的是什麼問題？將原型的概念情境化，讓你自己和其他人能夠參與投入。每個人都已經了解你們要製作的原型是什麼了嗎？

我們的腳踏車要有幾個輪子才會看起來夠酷？

③ 決定你們要在這個草圖原型中納入多少細節。細節越少，就越能聚焦在你們要解決的問題上。如果你們是想看看輪子數量對車子的影響，那麼顏色、材質、車頭燈位置等等就無關緊要了。

④ 當你們針對想解決的問題，使用原型去「迎戰」其他人時，務必要布置一個場景。不是只給他們看一張畫著草圖的紙，而是提出一個有可能改變產業發展的方案！你希望他們能認真投入，而不是批評你的繪畫技巧。他們必須了解，這個主題對你和他們都很重要！

更多畫草圖的資訊，請參閱丹·羅姆的《餐巾紙的背後》。

就像所有技巧一樣，多加練習，就能做得越好。但是請記得，你不必是達文西，也照樣能解決問題！

畫草圖就是製作原型

視覺思維和畫草圖是利用我們與生俱來的觀看能力——既是用我們的眼睛，也是用我們的心靈之眼——以找出其他狀況下無法察覺到的點子，然後迅速且直觀地去開發這些點子，再用一種簡單易懂的方式來跟其他人分享。

歡迎你用一種全新的眼光來看待一門生意的設計。無論你是在白板上畫出一個新的組織圖，或是在便利貼上畫出簡單（或許還有點好笑）的草圖，畫圖都是一個傳達觀點和創意極其有力且有效的方式。

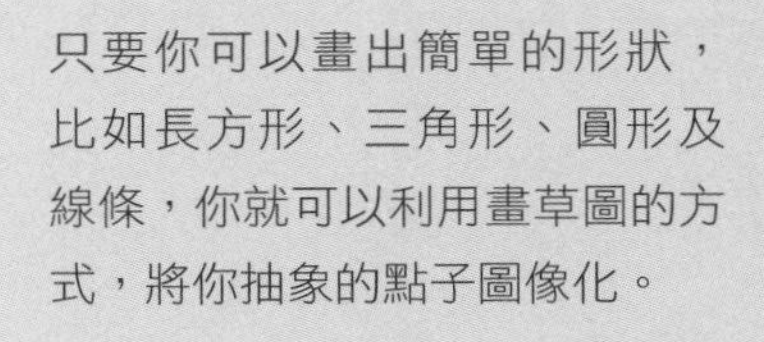

只要你可以畫出簡單的形狀，比如長方形、三角形、圓形及線條，你就可以利用畫草圖的方式，將你抽象的點子圖像化。

丹·羅姆（Dan Roam）
《餐巾紙的背後》作者

檢查表

☐ 你已創造出至少20個完全不同的版本。
☐ 你有辦法演示這些草圖。

下一步

> 蒐集其他人對這個原型的意見回饋。
> 利用原型做個實驗。

下載
視覺思維範例可從以下網址下載：
www.designabetterbusiness.com

工具 製作紙原型

紙原型的四種製作方式，讓你的點子生動起來。

具象的
製作紙原型

約30分鐘
開會時間

最多5人
小組人數

1 製作原型的流程圖

創造一個遊戲板
把整個流程畫成一個遊戲板。別忘了在流程中加上陷阱、死路、提神妙方及必要步驟。

玩流程
每個部門用一顆棋子來代表，按照每日流程演出不同的劇本。把發生的事記錄下來。

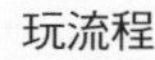

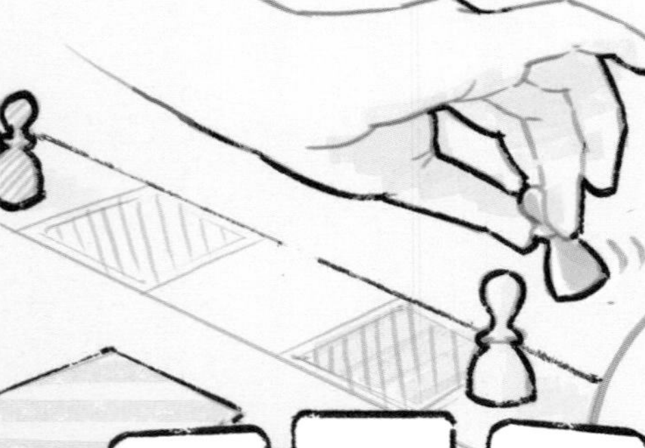

加上機會牌，增添刺激
為預期之外的情況設計一些機會牌，以增加真實感。

2 為產品製作原型

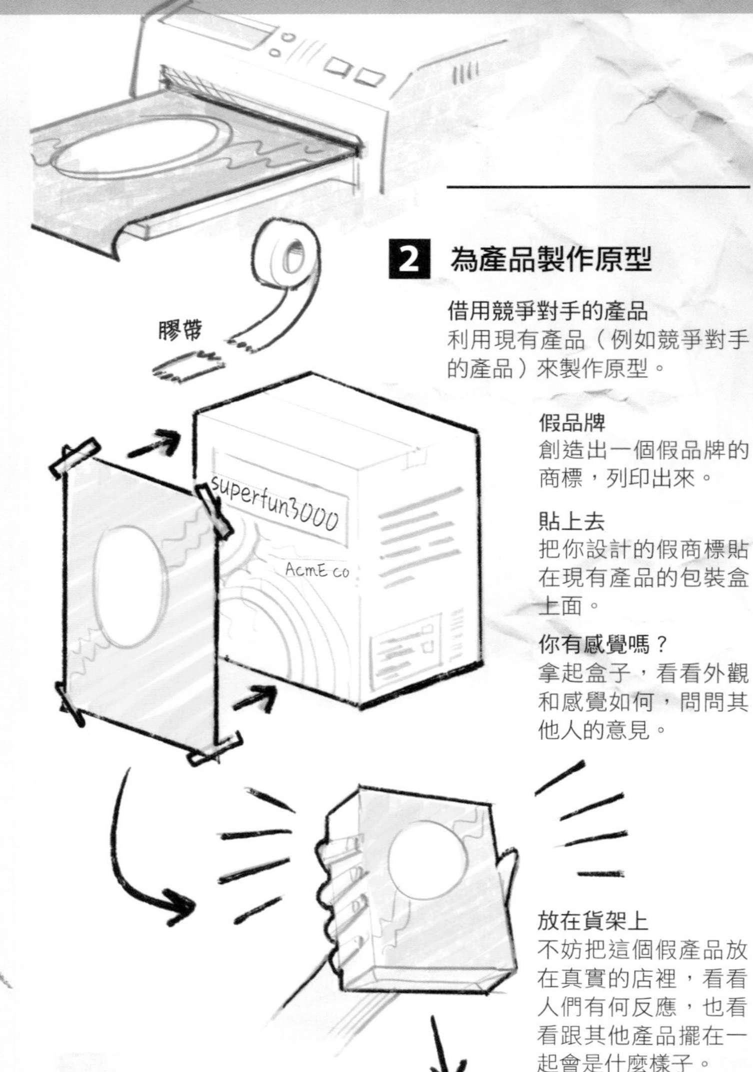

借用競爭對手的產品
利用現有產品（例如競爭對手的產品）來製作原型。

假品牌
創造出一個假品牌的商標，列印出來。

貼上去
把你設計的假商標貼在現有產品的包裝盒上面。

你有感覺嗎？
拿起盒子，看看外觀和感覺如何，問問其他人的意見。

放在貨架上
不妨把這個假產品放在真實的店裡，看看人們有何反應，也看看跟其他產品擺在一起會是什麼樣子。

3 為手機APP或網站製作原型

在製作網頁稿之前
一開始，如果你只是要看看這個點子是否能在小螢幕上運作，就不需要討論到線稿的詳盡細節。

不要秀出一切
拿給測試對象看的時候，請去掉細節和你暫時不需要測試的東西。

要有所選擇
縮減到你真正想要驗證的特質。

往復式流程
努力修正、不斷改善，直到你覺得已恰到好處。

貼上去
把它貼在智慧手機或平板電腦上。

回響如何
試用看看，感覺一下。拿到外頭或拿到你會使用這個app的環境。

感受它
感覺上會不會太小？太大？太擠？你能輕易觸摸到按鍵嗎？

4 互動式原型製作

利用線上工具
要測試某種更有互動性的原型？你可以利用線上的樣張（Mockup）製作工具，讓你的草圖鮮活起來！

檢查表

- ☐ 你已製作出可以跟他人互動的原型，也拿給別人看過。
- ☐ 人們對你的原型有所回應，給了你新的洞見。

下一步

- 收集其他人對原型的回饋。
- 利用原型進行實驗。

製作原型的幾個妙招

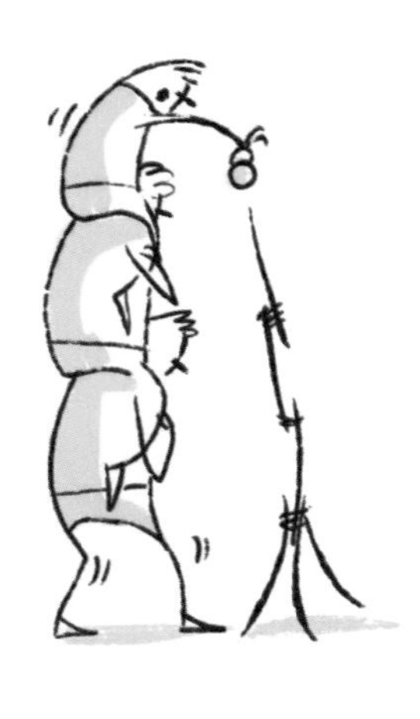

一起動手

一起製作原型的效果，就像視覺式思維把心裡的話說出來一樣：更多往復式的改進，更容易投入，而且可以為這個點子和原型培養出能幫你的大使。

每個人都可以從別人的想法獲得啟發，但是有一點要注意：每一組人不要超過五個。控制在這個人數，才能保持動能，也讓每個人都保持活躍。

跟顧客一起製作原型

如果你想要跨出安全區、不按牌理出牌，就讓你的顧客來幫忙處理你想要解決的問題！

要確定你們對設計準則和範圍有共識。有一件事是確定的：顧客絕對不會用你公司的觀點去看問題。一個外來者的角色一定能幫你們找出盲點。

借用競爭者的產品

利用競爭對手的產品（及其包裝），然後改成你自己的產品名稱，並加上其他特色。

這個方法可以省下很多為未來產品製作樣品的時間。

如果你想要為品牌、顏色、尺寸、重量等元素製作原型，同時也想知道人們對市面現有產品的想法，這一招就非常管用。

哎呀，可憐的約利克。我認識他，何瑞修……*

畫出來

把想法畫出來，而不是寫下來。你可以要求每個人都畫出各自的點子，或是畫出別人的點子。這樣會很好玩，也能逼他們把想法具體化，而不只是一堆抽象的概念。

如果有人對自己的繪畫技巧沒有把握，還有一個方法就是使用「樂高認真玩」（Lego Serious Play）。

利用你最喜歡的辦公室工具

Google創投團隊的傑克・納普（Jake Knapp）、約翰・澤拉斯基（John Zeratsky）、布雷登・柯維茲（Braden Kowitz）合著的《Sprint衝刺計畫》（*Sprint*）一書曾提到，他們的設計團隊在為一個機器人介面設計原型時，只用到了知名的簡報軟體Keynote。

這個原型看起來逼真到可以激起顧客的反應，而且除了花掉幾個小時，沒用到其他成本，因為這個團隊本來就有這個軟體。

視覺暢飲

要進行腦力激盪，最有趣也最開放的地點是哪裡？答案是咖啡館和酒吧！走出公司，沒有一堆規定、例行事務、勾心鬥角的束縛，大家通常會比較放得開。

進行視覺暢飲最理想的地點，就是辦公室外面。務必隨身帶著麥克筆，杯墊、餐巾紙、桌面或菜單都能用來進行視覺上的腦力激盪。你的下一個最佳創意，可能就在其中一個杯墊上！

* 出自《哈姆雷特》，約利克是國王的弄臣。此幕是哈姆雷特問挖墳的丑角所掘到的骷髏頭是誰，在得知是約利克後，哈姆雷特所說的話。

現在你已經……

接下來的步驟

重點歸納

原型≠解決方案
當你自己的白老鼠，**為你的點子進行撞擊測試。**

光用想的無法理解問題。**製作原型代表著解決（未知的）問題。**

採取創客思維方式。
簡陋不等於粗製濫造。
趕緊開始再說！

保持簡單，**就地取材。**

你可以透過**說故事**，
為未來建立原型。

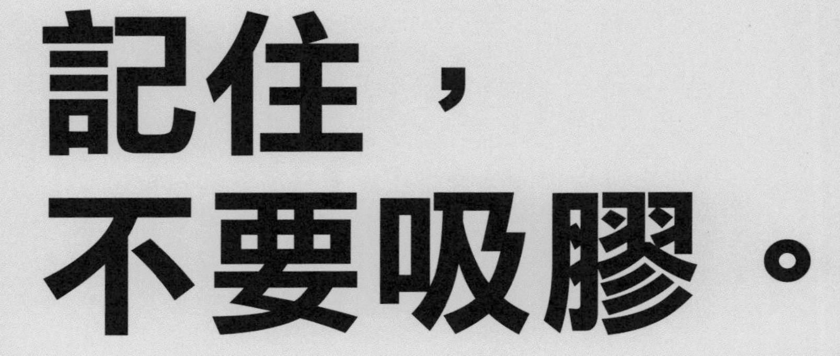
記住，
不要吸膠。

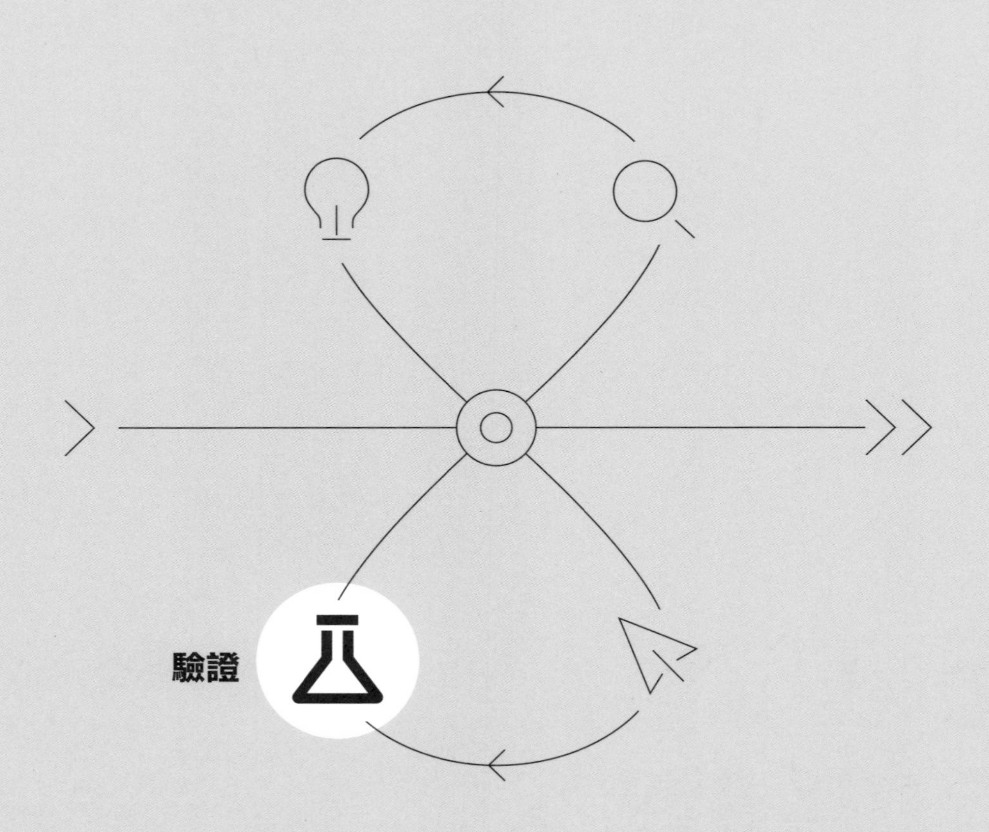
驗證

設計之旅 驗證

找出**最高風險假設**

進行**實驗**

追蹤你的**轉向**

除掉所愛

我們全都有點子。有時腦袋裡冒出來的點子害我們興奮得晚上睡不著，感覺非把這些點子想個透徹不可。這些點子當然很棒，但真相是，你的點子再好，也只是點子而已。要產生影響力，點子就得增加並擴張，而且越多越好。

全世界最棒的點子

對於如何解決我們所面對的商業問題（或是掌握商機），我們每個人都有自己的答案。每一天，我們都看著其他公司推出超厲害的app、產品、服務，或是執行一些讓他們一飛沖天的策略。

未經測試，再棒的點子都一文不值。

你可能會想，「我們的點子當然很好，一定很好。我們都知道我們的公司和產品是最棒的，對吧？」

其實沒那麼簡單。未經實際測試，你的點子只是一個根據假設而形成的點子。就像知名的疊疊樂遊戲，如果任何核心假設——讓那些積木不會倒的假設——錯了，整疊積木就會倒下來，你的點子也會跟著倒。我們常常沒能認清的是，我們的點子只是眾多可能性之一而已。在設計和創新之旅中，並不存在唯一的正確解決方案，有的只是很多選項而已。你的任務就是利用驗證，去找出其中最好的選項，並協助你的點子發展成可行的解決方案。

不提供顧客DVD

2011年，串流娛樂巨人Netflix決定將他們的串流與DVD業務拆成兩個不同的生意，各有不同的名稱和網站。Netflix做的是串流影片服務，而Qwikster則是郵寄DVD出租服務。這個拆開的點子在紙上作業時看起來還不錯，如果把兩者的商業模式完全拆開來，公司就可以專門針對兩者開發出不同的經營與行銷策略。聽起來很合理。

但實際上，對顧客來說，這一點都不合理。Netflix傳遞的一套服務，主要功能就是娛樂顧客。它之所以成功，就是因為有能力持續滿足顧客的特定娛樂需求。把公司和服務拆成兩半，這個想法以及最終的決定從來沒經過Netflix的顧客驗證過。於是，分拆後沒多久，Netflix的執行長里德．哈斯亭斯（Reed Hastings）就宣布：「顯然對我們許多會員來說，兩個網站會讓事情變得更麻煩，所以我們會讓Netflix保持原貌，兼營串流影片和DVD。」

結果，因為先前沒有驗證過假設，就把公司拆成兩個不同的業務，Netflix白白花了一堆時間和資源，去執行一件趕跑顧客的事情——然後又很快地推翻了這個決策。

驗證你的假設

藉由驗證假設，你每天都會學到新東西。而且，同樣常發生的是，你會發現你原先的假設是錯誤的，你的實驗和測試將會失敗。這其實是好消息，因為這表示你可以及早發現很多關於這個點子的問題，而且你會在決定冒險投資之前，就學到如何讓你的點子更好。

要鐵面無私

驗證也意味著：你的點子會逐步演進。你原始的點子絕不是不能改變的，即使是你最喜歡、最鍾愛的部分。光是信念還不夠，最重要的是證明。就像科學家或偵探，你在索求證明時，必須平心靜氣，遵循證據指出的方向。而且你必須學會忍痛「除掉所愛」，這就是設計與創新的重點。

所以，下回當你想出石破天驚的點子時，不妨在執行前先驗證。這樣不僅能節省時間和資源，也幾乎可以確定你會想出更好的點子——而且還有證據撐腰。你的顧客會因此愛死你了！■

你的第一個點子**遜斃了**

在我們所見過的500多家新創企業裡頭，能把原始創意原封不動貫徹到底而走上成功之路的，一家都沒有。能夠成功的，都是經過轉向的創意。

「轉向」（pivot）是新創企業最熱門的術語。這個字眼由艾瑞克．萊斯（Eric Ries）所創，描述新創企業如何根據顧客洞見和其他科技，或從建立原型及驗證過程中所蒐集到的背景調查結果，而迅速調整方向。

為了充分利用新發現，一家新創企業可能決定利用他們已經建立的基礎，去測試一個新的目標客層；或是以原來的目標客層去測試完全不同的東西；也有可能回到一個舊點子去測試新發現，把原先的思路完全拋開、從頭開始；或甚至砍掉重練，完全重新來過。

重點是新創者的行動要快，在原來的觀點上去思考從頭到尾學到了什麼。他們必須有足夠的彈性，一腳踩地當成軸心，旋轉著改變方向。另一個方式的風險較大，就是直接從一個願景跳到另一個，但這樣也很可能會一腳跳進死亡漩渦之中。

熱愛自己的點子死抱著不放、不肯調整方向的創業家或新創企業，成功機率非常低。

更多背景資料請參閱：艾瑞克．萊斯的著作《精實創業》（*The Lean Startup*）。

掌握**驗證**之道

1 失敗要趁早，次數不嫌多

你的第一個點子很可能經不起第一個顧客的考驗。你必須學著改變及調適，而且動作要快！你要趁著改變方向（轉向）還不太昂貴的時候，盡可能多了解顧客、多了解你要解決的問題，以及潛在的解決方案。這就是「失敗要趁早」的好處。

在某種意義上，這樣的失敗並不算失敗。當然，你就得跟你最初的點子吻別，改變方向。但這麼一來，你也就朝成功之路邁進了一步。

在驗證過程中，能讓你學得更快的工具就是實驗。實驗能讓你在可控制的範圍內「失敗」。

2 轉向

當實驗結果告訴你，你點子的某個基本假設是有瑕疵的，此時你就得改變方向：你需要轉向。

四種不同的轉向

顧客需求轉向
回饋顯示顧客不在乎你要解決的問題。找出你的顧客真正關心且樂意付錢解決的問題。

目標客層轉向
你目前的客層不在乎你打算推出的新產品，但回饋顯示另一個目標客層比較能接受。那就改變你的目標客層。

收益模式轉向
你的收費方式似乎行不通。換個收益模式可能會運作得比較好。「免費模式」不會產生任何收益，但總得有人付錢。

經營環境轉向
市場還沒準備好接受你的價值主張。或許競爭者比你早一步在市場占據位置，或者有什麼法規阻礙你進入市場。設法找到另一個市場。

轉向有可能相當簡單，比方改變產品的價格；但轉向也有可能相當複雜。比方說，你可能需要去找一個完全不同的目標客層，或是為你的顧客解決一個完全不同的問題，或是你鎖定的顧客有完全不同的需求。

3 堅持下去

相反的，你的實驗也可能告訴你，你的假設是正確的。這樣的話，你就應該繼續下去，再去測試下一個假設。你應該要堅持下去，繼續往前走。

無論是哪個結果，有件事要提醒你：你也有可能做錯了實驗。說不定你問錯了人，或是你使用的測試不適合。在做出轉向或堅持下去的重要決定之前，要先確定你做的實驗是正確的。

4 再做一次

那麼，什麼時候可以不用再驗證你的點子呢？嗯，老實說，身為設計者，這樣的驗證應該永遠都不會真正喊停。你會繼續學到跟顧客相關的新事物，告訴你用什麼方法去接近他們會更好。

而且你將會繼續做出結果可能是錯誤的假設。好消息是，每一次失敗的實驗，都會讓你離更好的結果更近一步。■

驗證——寶貴的一課

馬克創辦、賣掉、關掉過好幾家公司，他這輩子還開過二十二次刀，到目前為止，有超過四次重新學習走路的經驗，是個名副其實的新創者。以下他要分享的是關於驗證的經驗：

「有時候，某些新創企業一開始就想要打造一輛勞斯萊斯，但我不這樣想：我只想著能從甲地到乙地就好。

「成敗的關鍵，要看新創企業是否能了解到這點，或是緊抱著自己的點子不放。繼續緊抱著自己產品的團隊，只會驗證他們想驗證的。他們會不惜一切代價證明自己的點子沒錯。

「你得像個創業家一樣去看待這類點子，把眼光放在更大的格局上面。

「驗證會讓你從中學習。能夠把商業模式轉向的團隊，才是最有可能成功創業的團隊。」

馬克．韋賽林克（Marc Wesselink）
Startupbootcamp總經理

驗證的故事

黏住不放

我們很喜歡3M公司製造的便利貼，因為用起來很方便。但其實以便利貼闖出名號的3M公司，是意外發現這個創意的。1968年，3M的一個科學家原本想發明一種黏性超強的新黏膠，結果不小心就做出了一種低黏度、可重複使用的黏膠。

五年後，3M的一個員工開始利用這種黏膠，把黃色紙片黏在書上當書籤。這個點子在3M公司內部引起關注，其後就發展出一套全新的產品線和目標客層。

嚼個不停

知名的美國箭牌口香糖製造商，原先根本不是賣口香糖的。一開始，該公司的創辦人威廉·瑞格利（William Wrigley Jr.）只是把口香糖拿來當成刺激顧客買肥皂的贈品。沒想到，他發現口香糖竟然比肥皂更受歡迎。於是，他很快就把事業轉向，開始生產口香糖來賣。

癡迷的觀眾

今天，Twitch.tv是電子競技粉絲們觀賞直播串流的平台，可以看到最受歡迎的明星玩家進行遊戲的過程，或是觀賞遊戲賽事轉播。電子競技粉絲是一群非常忠實的觀眾，他們每年會觀賞數百萬小時的直播串流。Twitch.tv是從線上直播服務網站Justin.tv分割出來的，Justin.tv所針對的目標觀眾更廣。

轉向，就是以往我們所說的「搞砸了」。

//馬克・安得森（Marc Andreessen），投資人、創業家、工程師

PAYPAL

第三方支付平台Paypal的主力當然是支付，但一路走來也曾歷經許多變動。一開始，先是一家名叫Confinity的公司於1999年發展出Paypal，讓人們可以利用自己的PDA（掌上型電腦，例如Palm Pilot，是智慧手機的早期形式）付款。

後來和競爭對手X.com金融服務公司合併後，Paypal逐漸變成eBay賣家偏愛的線上支付系統，也因而讓Paypal成為知名的線上支付處理商。

從遊戲起家

Slack是知名的工作通訊 app，目前市值高達20億美元，但剛創立時卻是完全不一樣的東西：一種社交影音遊戲Glitch。公司是在發現Glitch不太受歡迎之後，轉向到另一個新名字和一個全新的產品。

有趣的是，Slack的創辦人史都華・巴特菲爾德（Stewart Butterfield）之前也有過轉向經驗。2004年，他一開始建立的是線上遊戲Neverending，最後一路轉向，成為知名的圖片分享網站Flickr。

GOSPARC 大師級的轉向的多種面貌

// 埃曼紐・弗朗西奧利（Emanuele Francioni）
GoSparc共同創辦人

轉向高手

任何企業都需要求新求變。如果不這麼做，就會走向滅亡。家用電腦生產商康懋達（Commodore）就是如此，這個偉大的科技產品曾經備受全世界的喜愛。但他們忘了去思考：接下來該如何轉變。

如果你問我們如何轉向、要轉向到哪裡，那麼我要先反問你：「轉向」到底是什麼？我認為，轉向是新創企業的關鍵術語，對每個人都有不同的意義。我一直深信，轉變是企業存活的關鍵。你必須保持開放的態度去認知：未被滿足的顧客需求，勢必要得到滿足。

我們的團隊來自車內導航系統公司Tom Tom，不用說，我們對地理定位很有熱情。我們的第一個想法，是開發出全世界最棒的地理定位產品。我們潛心研究了將近一年半，開發出我們認為是舉世最佳的戶外定位技術。接下來，我們只需要找到正確的愛好者和商業模式。

個案研究：GOSPARC，大師級的轉向高手

第1次轉向＝官僚作業太麻煩

我們為自己的軟體找到了一個目標顧客，就是英國的大學。因為很多拿到簽證去英國讀書的學生，其實未必都會去上課。為了解決這個問題，各大學都花大錢投資昂貴的基礎設施。相較之下，我們的軟體更便宜，技術也更好。沒錯，我們發現了顧客需求，而且我們有解決方案，也知道有很多願意付費的顧客。問題是，要推銷我們的產品，我們必須遞投標書給每一所大學，整個過程會耗掉我們三年的時間。於是，我們決定：趕緊轉向！

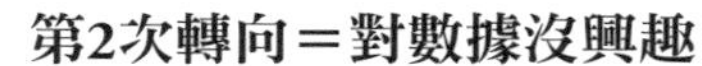

第2次轉向＝對數據沒興趣

我們開始探索其他市場，覺得運動產業聽起來不錯。我們可以提供定位數據給運動員，讓他們表現得更好。沒錯，我們找到了顧客需求，但我們其實對這群顧客的理解不足，我們雖然有解決方案，卻不知道應該如何運用，而且在顧客願意把相關資訊回報給我們之前，我們必須先弄到一堆內容（數據）才行。總之，我們得花很大的力氣，投入一個我們平常其實不太關心的市場。如果某個領域你不熟悉，千萬別投入。無論做哪一門生意，你都必須完全了解才行。於是我們又轉向了。呃，應該說是半轉向，因為我們把解決方案賣給了我們的加拿大合作夥伴。

第3次轉向＝優先順序不同

經過前兩次轉向後，我們進入了一個新階段，此時我們可以提供授權（智慧財產使用權）給有興趣的合作夥伴，然後雙方合作開發某個產品。透過這樣的計畫，我們可以應用一個收益分享的商業模式。在這個商業模式中，我們可以繼續開發解決方案，創造出一大堆不同的產品，由其他夥伴負責商業化；這也表示我們就不用太去做市場開拓這一塊了。只要我們的合作夥伴賺錢，我們就可以拿到錢。

就算有再多的靈感，
你仍然必須去了解你的顧客。
需求一直都在，但如果你不去探索，
永遠都看不到。

最棒的是，向我們提出這個主意的，正是這些合作夥伴。一切似乎都沒有問題了。我們的業務成長了，也有了一些願意幫忙販賣產品的夥伴。我們有他們的顧客基礎。我們可以大批賣出，跟其他四個合作夥伴採行這個商業模式。然而，這個計畫也有一個問題：我們對於銷售和策略完全無法掌控。當你的夥伴有其他計畫，他們沒有理由把你納入他們自己的計畫中。我們的技術仍在，但忽然間他們的優先順序跟我們不一樣了。因此，儘管有很棒的顧客、銀行裡有進帳、產品很好、合作夥伴很優，但我們又得轉向了。如果無法掌控，我們就非轉向不可。

4

第4次轉向＝一些小小的轉向

在目前的階段，我們做的全是小型的轉向，一些不同的小轉型。我們決定利用自己的技術推出產品，自己賣自己賺錢。我們的第一個解決方案是針對停車——理由大家應該都很清楚。我們開發出來的工具之一，是停車付費器，這個付費器可以插在你的車子裡，幫你付停車費。這引導我們面對另一個問題：這個付費器，該賣給消費者，還是企業？

消費者

這個解決方案必須訂出適當的價格，讓消費者能接受。他們的需求跟企業不同，其中一個需求，就是這個產品要夠酷。在驗證期間，我們還找出兩個其他的顧客需求：一是離開停車位時不會被超收停車費；二是不必用硬幣付費。我們目前的價值主張，就是省錢。但這不是我們的顧客真正

個案研究：**GOSPARC，大師級的轉向高手**

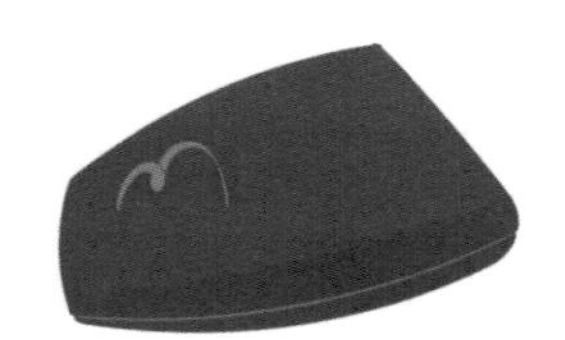

想要的，而且眼前這個產品也還不是很酷。我們的產品的確好用，而且我們發現有些早期採用者對科技很敏銳，他們還想要更多功能相關的產品。我們當然也可以努力抓住這個機會，但這麼一來，我們必須以全新方式服務這群人。評估到這裡，我們知道如果要擴大規模，我們必須找到別的顧客才行。

企業

企業比較不在乎省錢問題，但是企業想為員工付停車費，並管理他們的車隊。為了請企業測試我們的解決方案，我們加入了即時車隊追蹤功能。這一來，就搖身變成可以協助企業營運管理的產品。我們評估，如果有超過十個付費試用會員，我們就成功了。我們盡量讓新增客戶多於失去的客戶，就連稅捐機關都想要我們的產品。但再一次，我們發現這樣還是無法賺到錢。因此，雖然我們原本很樂於做一個試用版，但最後還是不了了之……

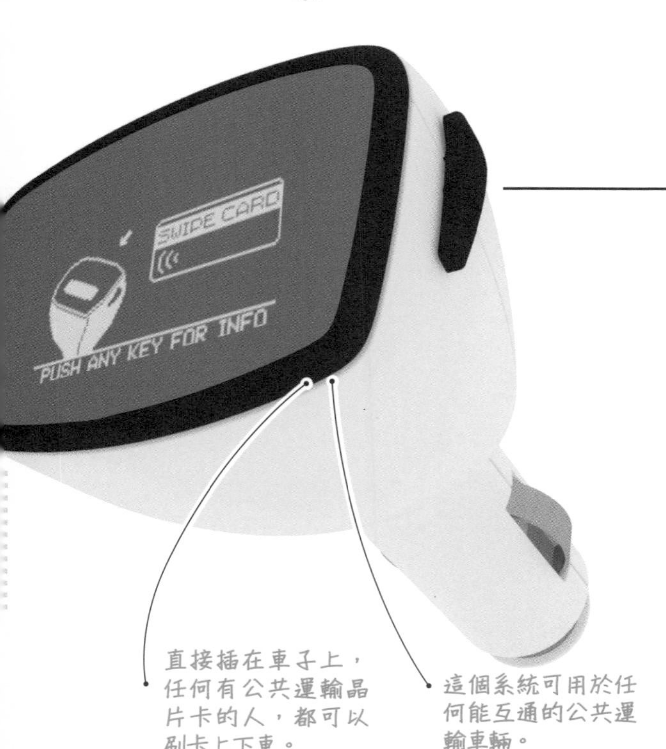

現在：**我們有一個超殺的APP！**

我們碰巧有個殺手級的app。試用期間，我們跟幾家公共運輸公司談過，一再被問到同樣的問題：我們要如何記錄上下車的乘客？

乘客可以登錄自己上了公車嗎？這個方法比荷蘭的公共運輸晶片卡系統更高明嗎？（荷蘭的公共運輸OV卡系統，每輛車要花8千歐元添加裝備，每個月還要另外付1萬5千歐元的維護費。）看起來，我們的解決方案似乎很能滿足顧客的需求。

我們掌握了某個很棒的東西！
……呃，應該說我們「以為」。

ㄟ！你們應該追蹤毛小孩！

那麼，用來追蹤寵物或兒童呢？

我們也研究過。一開始覺得有希望，但結果狗主人和家長沒有那麼大的興趣，也沒有強烈的需求去買這樣的工具。如果我們硬要朝這方面發展，那就太天真了。

硬轉向和軟轉向

我認為轉向有兩種：硬轉向及軟轉向。硬轉向會讓你從技術到生產，全盤改變產品。軟轉向則是改變目標客層。

小轉向及軟轉向，會在你真正意識到之前，就發現自己已經處於不同位置了。你不曉得自己是怎麼走到那裡的，那是你企業所做的小調整所造成的結果。

成為**搖滾明星**

商業模式圖和精實創業思維就像彈吉他，你必須一次又一次練習，直到那些音樂內化為你思想的一部分。

然後你應該從頭再開始，練到終於可以邊唱邊彈。接下來，不知不覺中，全組人都會跟著你一起唱了起來！

個案：ONETAB透過轉向，讓商業模式更完善

想在澳洲（或其他國家）的酒館裡多喝幾杯，你就得掏出信用卡*，這實在很麻煩。史考特．克羅斯（Scott Cross）和保羅．瓦耶特（Paul Wyatt）在他們最愛的「恰恰恰酒館」裡就有這樣的經驗，因此也得到了一個啟發：如果能有一個解決一切麻煩的app就好了。

在喝了三瓶葡萄酒之後，我們就「準備開動」了……

1

❶ 滿屋子信用卡

史考特及保羅相信，用app結帳會簡單許多。這樣可以解決等待、搞丟信用卡、忘了結帳，或甚至忘了把信用卡帶走的諸多麻煩。

❷ 不是我的問題

他們假設顧客會付錢解決這個麻煩，於是設計了一個app。結果證明史考特和保羅錯了，但問題不是出在這個app。

*譯註：一般西方酒館裡，每次上完飲料或食物後就必須當場付款，以信用卡付帳的客人若還打算繼續加點，可以暫不結帳，由櫃檯保留帳單和信用卡，等離開時再一併結算。

❸ 賣酒人的麻煩

真正有麻煩要解決的是酒吧老闆：如何提防騙子、如何妥善管理、避免搞丟信用卡、如何杜絕不付錢的奧客。如果有一套產品可以替他們解決這些痛苦，他們當然願意付錢。

❹ 天作之合

在OneTab擴充套件，他們發現可以透過一個多邊平台，讓酒客更方便，酒吧老闆也能省掉許多管理的麻煩。這一來，老闆會願意花錢使用這個平台，而酒客也願意多點幾杯酒！

❺ 知識之路

透過POS系統商提供這項服務，對酒吧老闆來說方便多了。另一個額外的誘因，就是OneTab可以記錄高額消費的使用行為及用戶的資料。從app到多邊平台：總共經過四次轉向而獲得成功。■

進行實驗

如果原型製作的重點就是賦予你的點子生命，讓你看到它們、感覺到它們，並且迅速看出你的假設是否正確，那麼驗證的焦點就在於為設計流程注入活力。要驗證，就得利用實驗去測試你的假設，然後衡量實驗結果。

你真正知道些什麼？

當你一味地相信自己的點子會成功，就會忽略一些證據，像是你的顧客其實並不喜歡這個點子，或更糟糕，他們完全沒興趣。那麼，你就會如同許多失敗的新創企業一樣，正走在一條危險的道路上。別忘了，你的點子只不過是一堆未經驗證的假設，而這些假設必須一一予以驗證，看看是否經得起現實考驗。只有這樣，你才能知道什麼是真的，什麼不是。

在做任何大決定（以及大投資）之前，合理的做法就是利用你理性的另一面盡可能去學習、了解當前的狀況。

實驗

你必須學習，而且要學得很快。就像小孩要摔倒很多次才學會走路一樣，你也會經由許多次的實驗失敗，才能找出真相。為了驗證假設，你需要建立、進行及分析實驗，得到需要的資訊來支持或摧毀你的假設。利用事實、證據和數據，就會讓你的理性發揮作用，也更容易向你自己和你的團隊證明，你們走的是一條正確（或錯誤）的道路。

找出最高風險假設

那麼，我們就開始來驗證與實驗吧！但是，首先應該測試什麼呢？利用我們最喜歡的疊疊樂積木來比喻，把你的點子想成一座堆疊起來的塔，所有積木都是假設。萬一底部的一個假設被驗證是無效的，當你移除這塊積木後，整座塔就可能垮掉。相反的，如果無效的假設是頂部的一塊積木，拿掉它可能不會有多大的影響。本書201頁有一個視覺化的範例，你跟你的團隊可以輕易找出最高風險假設。

我要如何準備實驗？

找出最高風險假設之後，就該開始進行實驗了。接下來幾頁，你會學到如何一步步去設定你的實驗，利用實驗圖，迅速構建並進行你的下一個實驗。

證明為偽VS.證明為真

你實驗的重點不是要確認假設，而是要設法證明假設是錯的。只有在實驗過夠多次，確定你無論如何都無法證明這個假設是錯的，你才能接受它。

即使如此，你都還不算是完全擺脫險境。實際上，如果你能想出另一個實驗，可能會有不同的結果。那就趕快進行吧！積極尋找另一種結果。畢竟，實驗的成本很低，最後會幫你省下一大筆成本。

轉向或堅持下去

做完你的實驗後，就該下一些結論了。基本上，你的實驗有三個可能的結果。一是符合你的預測，二是跟你的預測牴觸，三是你不確定。

如果實驗結果符合你的預測，而且你已經盡力想要推翻，那就該把這個假設標示為「驗證為真」了。你可以「堅持下去」，繼續處理下一個最高風險假設。如果你不確定，那就該檢查你的整個實驗設定。你問了正確的問題嗎？你找對測試對象了嗎？最後，如果你的實驗推翻了結果，你大概就得轉向了。

你的下一個實驗

有件事很確定：你必須進行不少的實驗，經歷過一些轉向，才有可能達到終點。為了讓你更容易回顧，並在循線追蹤時看出模式，本書也收錄了《精實創業》的驗證板（validation board）。■

要了解更多背景，請參閱艾許．莫瑞亞的《精實執行》（Running Lean）。

進行**精實實驗**

2010年，我開發出「精實圖」（Lean Canvas），以協助新創企業能變得更成功。這套方法是以驗證為基礎，去做實驗及測試假設。從那時開始，精實圖成了全球性運動，被許多人善加利用，並進一步發展出精實方法。

儘管用實驗來測試猜想和假設非常有效果，但只是做實驗還不夠。你實驗得出來的結果，頂多也不過就是跟你原來猜測的差不多。

更重要的是，找出最高風險假設來測試，並建立正確的實驗以取得你需要的數據。

這就是為什麼我要建立「實驗報告」的理由，你在本書也將會看到。

艾許．莫瑞亞（Ash Maurya）
精實創業創辦人、《精實執行》作者

最高風險假設

我們都有過這樣的經驗：想到一個很棒的點子，迫不及待的想要開始著手進行（甚至就是今天）。很多人都曾經從這種興奮狀態中感受到十足的活力。但是，你怎麼知道押寶在你的點子上是正確的？你的點子要成功，關鍵因素有哪些？這些都是你的最高風險假設，全都需要經過測試。

你真正知道了什麼？
荷蘭人愛吃乳酪，這從幾乎每家乳酪店外都大排長龍就可看得出來，尤其是阿姆斯特丹市中心的那些店家。阿姆斯特丹一家很新、很酷的新創企業看到了這個「問題」，於是想發展出一個手機app來解決，讓顧客用這個app來預訂三明治，免除排隊之苦。整個狀況似乎再單純不過了。這個團隊在詳細規畫後，找出了最高風險假設：顧客討厭排隊排很久。

然後，這家新創企業的團隊便跑到街上去驗證這個假設。他們跟五十多名顧客談過之後，發現顧客根本不覺得排隊是個問題。他們很樂意排隊，等著櫃檯後面的帥哥美女幫他們當場做出新鮮的三明治。

這個團隊唯一花的成本，就是把午餐時間花在去街上找人談談。他們因而發現這個假設是錯誤的、站不住腳的。無論你是在一家新創小公司或穩定的大組織工作，都要盡快且盡量不花成本去驗證你那個最高風險假設，這樣才不會將寶貴的時間和資源，耗費在一些可能永遠行不通的計畫上頭。但這種事情說來容易，做起來往往很困難。

最高風險假設不見得能輕易找出來
想像一下，你有個點子，要在一條鬧街上開設一家訂製牛仔褲的店。大家都愛穿牛仔褲，一定願意把錢花在一條帥氣又合身的牛仔褲上。但，這是你最高風險的假設嗎？

如果你仔細思索過顧客要完成的任務、痛點、獲益，你就會發現更多假設和要問的問題：他們願意花錢嗎？他們有時間等待一條訂製牛仔褲的完成嗎？他們願意過兩個星期再回來取走這條訂製牛仔褲嗎？

提示！ 在驗證假設時，記得要問出正確的問題。
參見第89頁的《先過老媽那一關》。

**當創辦人愛上他們的產品，
就會去驗證他們想驗證的假設，
而不是對事業有利的假設。**

//馬克．韋賽林克，Startupbootcamp總經理

藉著反覆研究你的商業模式圖，你會發現更多的假設和要提問的問題：我們能仰賴什麼關鍵資源，去製造出人們想買的產品？我們的關鍵合作夥伴會以合理的價格、準時運送材料嗎？我們的牛仔褲要賣什麼價格，才能獲得利潤？

要把所有的最高風險假設一一列出來，第一個關鍵就是組成一個團隊，大家一起拆解點子，一起腦力激盪。如果你的團隊成員沒有拆解商業模式和經營背景的資深經驗，那就利用人脈去邀請一些產業專家來協助你 。

定義假設

身為設計者，你的主要焦點會放在顧客身上，所以理所當然的，你所找出的第一批假設會是出自顧客端的問題。但這些並不是全部的假設，而且有關顧客的假設也不見得就是最高風險的假設。想要找出更多假設，你可以利用第116頁的商業模式圖。當你在商業模式圖上歸納出目標客層和某些想像的價值主張時，你也會需要把這些元素跟某些收益流和通路串連在一起。在以下這四個格子裡，你會發現下述假設：（1）有顧客想要買（2）你的產品，以（3）某種價格並透過（4）某個特定通路。這四個假設都位於商業模式圖的右邊，它們都必須經過驗證，以確保你可以傳遞某些價值。

至於商業模式圖的左邊，你也會發現所有關於營運的假設，例如你用來創造某些價值的關鍵合作夥伴和關鍵資源。另外，當然，也不能忘了製造出解決方案所需要的成本。

組好團隊後，利用你的設計者工具（便利貼、麥克筆，還有一面空白的大牆面），根據不可或缺的程度或是最可能驗證為偽的順序，去排列這些假設。你越快找出這些假設，就越能夠予以驗證，然後繼續向前邁進或決定轉向。■

工具 最高風險假設圖

焦點
找出最高風險假設

約15-30分鐘
壓力鍋

3-5人
小組人數

在你的眾多假設中，最高風險假設是第一道關卡。如果多次測試的結果都證明有誤，你就沒有辦法過關。這個工具會在進行實驗之前，先幫你排出所有假設的測試優先順序。

找出最高風險假設

找出最高風險假設未必容易。跟你的團隊討論各種假設，有助於找出必須做測試的那些假設。以視覺化的方式討論才能切中要點，而且能提供你需要的成果！

疊疊樂

疊疊樂這種遊戲，是把積木堆成一座塔。玩遊戲的人輪流抽掉一塊積木，被抽掉的每塊積木都可能造成整座塔垮掉，尤其是底部的積木更是讓整座塔能夠挺立的關鍵。

把你的點子想成是一座疊疊樂的大塔，每一塊積木都是一個假設。當底部的某個假設被驗證為錯誤或不成立時，就要抽掉那塊積木，或許整座塔就會因此垮掉。反之，如果你拿掉的是頂部積木，影響就不大。

我們必須確保整座塔的基部是安全的。我們必須從底部（也就是最高風險的假設）開始驗證。此時，其他假設都沒有那麼重要。畢竟，如果最高風險假設不正確，就沒有必要再去考慮其他的假設了：也許你的點子需要按照新的理解全盤改變！

要找出最高風險假設，就必須重新檢視你的商業模式圖、價值主張、設計準則，以及其他你已經知道的事情。

你的假設是什麼？你不確定的事是什麼？利用「最高風險假設圖」，跟你的團隊一起把這些不確定的因素像疊疊樂一樣在牆壁上畫出積木塔。把你點子裡面，那些不可或缺的、絕對必須正確的假設擺在積木塔的最底層；比較不重要或要靠其他假設來決定的那些假設，就往上擺。

想辦法求敗

你的目標，就是努力讓積木塔趕快倒塌！所以要挑最底層、最高風險的假設。這是你會想更深入了解的。如果這個假設是正確的，你就可以繼續往下測試另一個最高風險假設。萬一第一個假設就測試失敗了，你的積木塔倒了，就得回頭再重新開始，挑出另一個比較有用的點子。

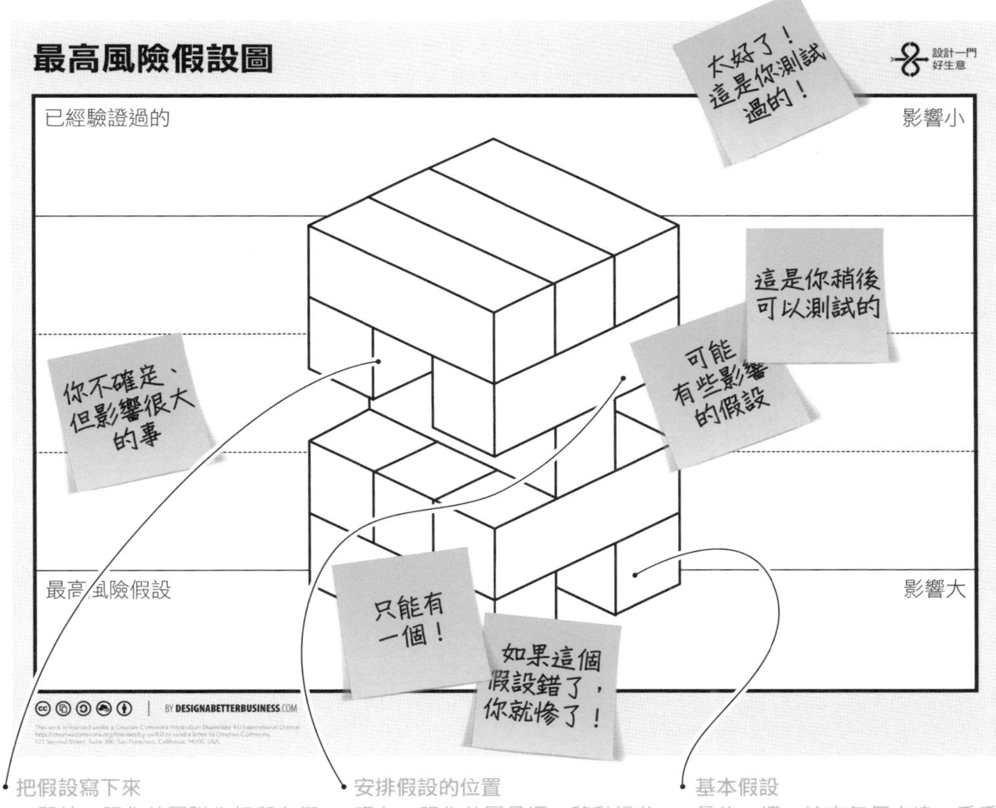

把假設寫下來
一開始，跟你的團隊先把所有假設一一寫在便利貼上，但還不要黏貼上去。參考戰情室和你的觀點來獲得靈感。

然後，把這些假設貼在圖上，看每個成員覺得應該放在中間三個方塊的哪一個最適合。暫時還不要討論！

安排假設的位置
現在，跟你的團員逐一移動這些便利貼。設法找出哪個假設是風險最高的。如果有的便利貼在兩個方塊中被移來移去、不能確定，就貼在兩個方塊之間。

基本假設
最後，逐一檢查每個方塊，看看是否還有任何假設其實是要依靠其他假設來決定的（要把它們往上移），或是還有一些應該是基本假設（要往下移）。

大約15分鐘後，最下方的方塊應該只剩少數幾個了。然後全隊投票，選出你們認為最基本也是風險最高的那一個。

下載
最高風險假設圖可從以下網址下載：
www.designabetterbusiness.com

檢查表

- ☐ 你已經清楚找出一個最高風險假設了。
- ☐ 你已經具體描述了最高風險的假設。

下一步

> 設計一個實驗去測試這個假設（請利用實驗圖）。

運用**科學**

如果你覺得這些實驗、測量及度量標準聽起來像科學，
沒錯，它們就是。

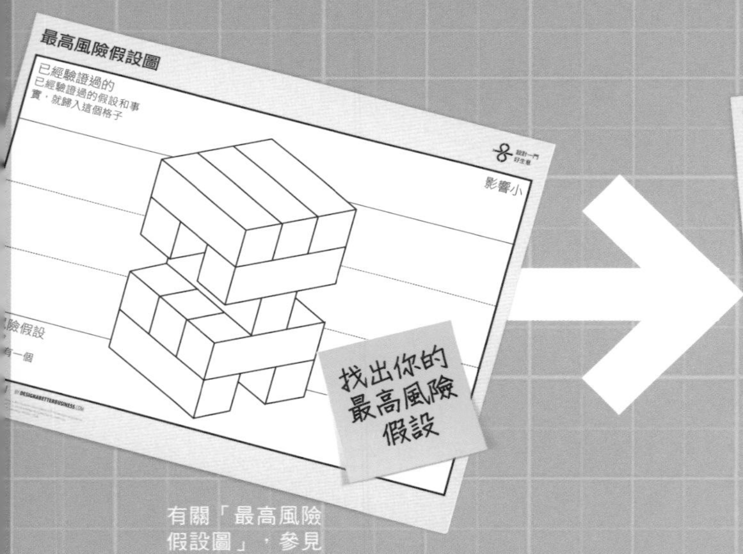

有關「最高風險假設圖」，參見第200頁。

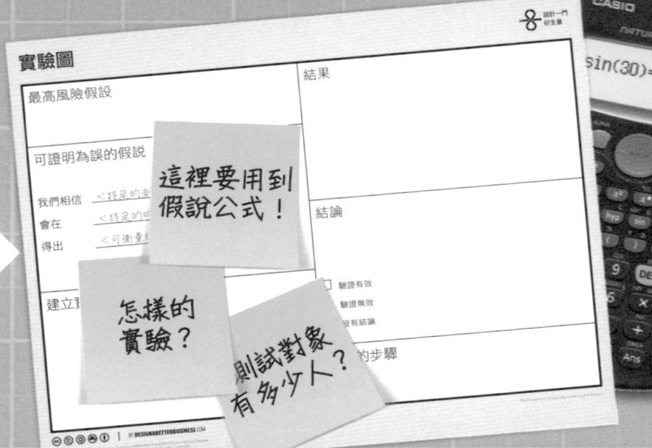

估計實驗結果。你會得到幾次結果？測試對象會怎麼做？

有關實驗圖，請參見第204頁。

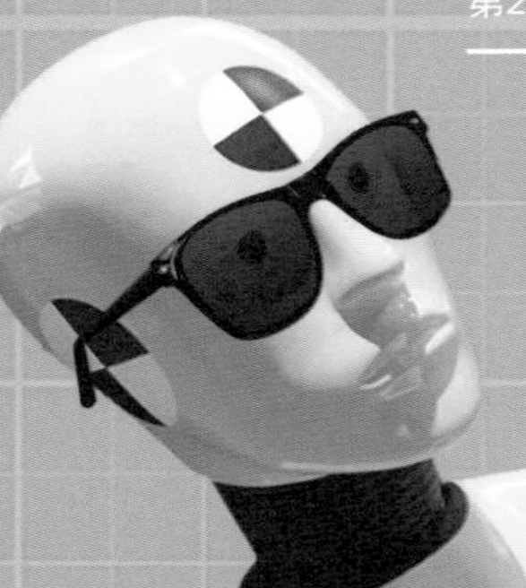

1

最高風險假設

首先，找出最高風險假設。如果這個假設是錯的，就會讓整個點子完全垮掉。

2

假說

接下來，為你的假設建立一套假說（合理的可能解釋）。這個假設真正的意思是什麼？你要如何衡量？

3

測試對象

為實驗挑選一群有代表性的測試對象。經驗法則：至少找20到30人。

4

原型

製作盡可能簡單的原型，以測試你的假說。參見原型那一章，以尋求啟發。

用一本日誌記下你進行實驗的結果和每個步驟，這樣你就可以確定你得出的結果是有效的。

實驗的重點不是要確認自己的假設是正確的，而是要設法證明這個假設有誤。如果你無法證明有誤，那麼它一定是正確的！

在得到正面的結果後，合理的做法是重新再檢查一次。你問的問題正確嗎？你夠吹毛求疵嗎？如果你太輕易就讓自己過關，恐怕不是好消息！

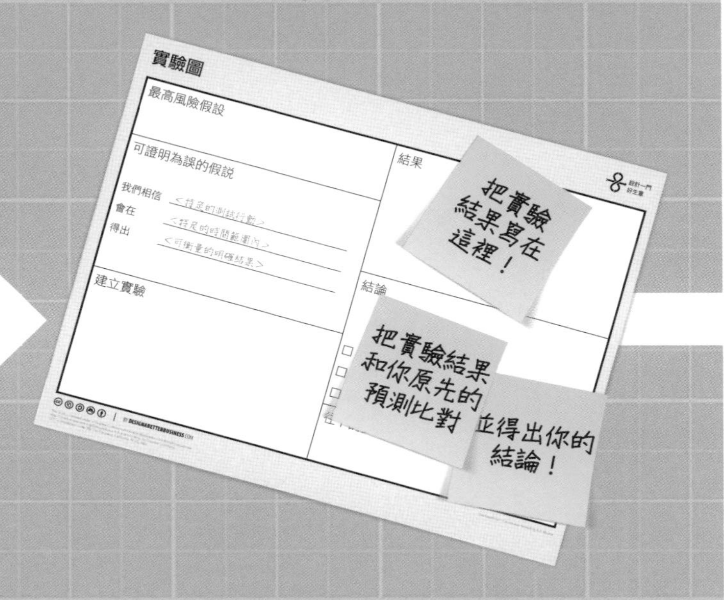

完全符合

堅持下去

挑出下一個最高風險假設，開始驗證。

差很多

轉向

回頭重新開始！重新評估你的觀點，看能否找出另一個解決方案來驗證。

相當接近

重做一次實驗

先前的實驗可能做壞了。檢查你的設定、測試目標及假設。設法複製一次結果。

5 進行實驗

進行你所設計的實驗。別擔心事情會不會照計畫走。重點是學習。

6 獲得數據

把得到的數據和原先的預測做比對，看看它們是差很多、完全符合，還是很接近？

7 做出決定

根據你得到的結果，現在可以決定是否轉向或堅持下去，還是要重做一次實驗。

工具 **實驗圖**

原創設計者：Ash Maurya

一旦你找出風險最高的假設，就得想出一個可量化的最佳測試方法，來衡量這個假設。實驗圖提供一個簡明易懂的方式，把你的假設拆解為可衡量、可觀察的實驗。

具象的
實驗與創造

約15-30分鐘
壓力鍋

3-5人
小組人數

正確的實驗

實驗圖的目的，是要在正確的時間設計出正確的實驗，幫助團隊進行正確的對話。有了實驗圖，就很容易設計出一個定義明確的實驗：一開始先找出目前的最高風險假設，然後具體列出一個清晰的、可推翻的假說與實驗設定。在執行過實驗後，要檢查結果並計畫你的下一步。

寫出一個好的假說

你的假說是一份陳述，用來說明為何你認為你的最高風險假設是正確的。務必在你進行實驗之前就寫下來，免得事後很容易就更改種種狀況來符合實驗得到的數據，那就失去了你獲得寶貴洞見的機會了。

量化你的預測

量化你的假說。比方說，會有多少顧客去做？會做多少次？在多久的時間範圍內？時間範圍可以有彈性，只要你事前具體說明就可。你所定義的關鍵指標必須是可實行的（也就是說，必須與假說直接相關），而且是可達成的（也就是說，必須可以看到結果）。

把這些數字連結到你正在測試的假設。為什麼有10個正面的結果，就能驗證你的假設？具體說明任何定性的結果和變數。你預期會有什麼不一樣的答案？你要怎麼分類？

進行實驗

有了這個假說，你就可以開始進行你的實驗了。即時追蹤各種數據，全都寫下來，稍後你才能檢查自己是否正確解讀了實驗的結果。■

利用**假說公式**

實驗圖的原始範本由艾許．莫瑞亞所設計，本書中略有更動。

我們相信（特定的測試行動）會在（特定的時間範圍內）得出（可衡量的明確結果）。

實驗圖

設計一門好生意

最高風險假設

可證明為誤的假說

我們相信 <特定的

會在 <特定的

得出 <可衡量的明確結果>

這裡要用假說公式！

建立實驗

看一下原型製作！

結果

結論

□ 驗證有效

□ 驗證無效

□ 沒有結論

往下的步驟

BY DESIGNABETTERBUSINESS.COM

下載

實驗圖可從以下網址下載：

www.designabetterbusiness.com

最高風險假設

你想要驗證的最高風險假設是什麼？為什麼這個假設這麼重要？

可證明為誤的假說

在實驗前先宣布自己預期的結果。試著做出可靠的預估，而不是假裝精確。

設定實驗

你要用來測試的原型是什麼？有什麼重要的變數和衡量標準？這是定性實驗或是定量實驗？

結果

輸入從實驗獲得的數據及定性資訊。

結論

簡單描述一下你的發現。你的結果是驗證或推翻了假說，或是沒有結論？

往下的步驟

你需要轉向、堅持下去，還是再重做一次實驗？

檢查表

- □ 你已經擬出了一套假說，用來測試最高風險假設。
- □ 你的假說符合架構。
- □ 你找出了可衡量的結果。
- □ 你獲得的資訊有重大意義。

下一步

- 建立一個原型來支持你的實驗。
- 執行實驗並收集資訊。
- 轉向、堅持下去，或是重做實驗。

工具 驗證圖

原創概念：Ash Maurya

焦點
檢查進度

約15分鐘
開會時間

團隊
全員參加

實驗準備就緒之後，就該開始進行測試，並追蹤一路的進展。有時你的測試結果是正面的，有時是負面的。中途你會重複執行某些過程，例如加上或改變一些步驟。這個工具會幫助你一路追蹤進度。

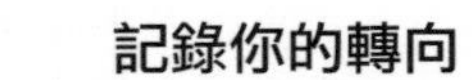

記錄你的轉向

想要知道自己是否正確，只做一次實驗絕對是不夠的。有些新創企業會在經過很多次轉向後，才找到正確的「產品－市場適配」（product-market fit）。在任何狀況下，在往下走之前，一定要弄清楚自己一路走來的歷程。如果繼續反覆執行一模一樣的實驗，等著實驗結果會神奇地反轉，那只是浪費時間和資源而已。回顧之前的路可以協助你了解已有的選項，也避免已經推翻的假設在稍後又重新出現。

驗證的流程

此一流程的目標，是盡可能多學習，而且學得越快越好。在這個流程中，你會希望花越少的時間和力氣，同時又能得到最大的成果。有了這個想法之後，你就得反覆地進行實驗。驗證圖是這個流程的中樞神經系統。

你的最佳猜測

從你目前的價值主張著手，也就是你現在對於你的顧客是誰、你要替他們解決什麼問題，以及你要提出什麼解決方案的「最佳猜測」。不必弄得太過複雜精細。從小處開始，擬出你可以測試的一個最簡單的解決方案。隨著時間推移，轉向將會改變這個最佳猜測。

實驗

你現在的最佳猜測是根據種種假設而來。找出其中的最高風險假設：一旦這個假設錯誤，就會完全推翻你的最佳猜測。選擇一個方法去測試這個假設，同時訂出成功（即假設成立）的最低標準。把這個內容加入實驗圖中，然後執行實驗。

至於實驗方法，你可以選擇探索、推銷或甚至是一手包的管理員模式等等。透過探索，你可以對你想解決的問題有更多的新體會及了解。

如果採取的是推銷方式，會有助於你了解顧客認為這個問題有多重要。是非解決不可，還是能解決也不錯？管理員模式是在一開始就全部自己來，幫你了解自己是否能實現顧客的期望。■

本驗證圖由艾許．莫瑞亞的「精實創業運動」所創，本書中略有更動。

驗證圖

設計一門好生意

	開始	轉向 1	轉向 2	轉向 3	轉向 4
最高風險假設					
目標客層					
顧客需求					
要驗證的原型					
方法					
成功的 最低標準					
結果；轉向 或堅持下去					

BY DESIGNABETTERBUSINESS.COM

最高風險假設
你現在要進行實驗去測試的那個最高風險假設是什麼？

顧客
定義你的價值主張，並拆分成三個部分：你的顧客、你要解決的顧客需求，以及你想用來解決問題的解決方案。

驗證
描述你想用來測試的方法。這是什麼樣的實驗？

你對成功的最低標準是什麼？

結果
記錄並追蹤實驗是否驗證了你的假設，以及你發現了什麼。結果你是應該轉向，還是堅持下去？

隨著時間過去，你就能看到自己一路以來的進展。

下載
驗證圖可從以下網址下載：
www.designabetterbusiness.com

檢查表

☐ 你已經記錄了你的實驗。

下一步

› 轉向、堅持下去，或是重做實驗。

範例 Abrella的創業之路

讓它下雨吧

三年前，來台灣度假的一個下雨天，觸發了安德瑞亞・索加特（Andreas Søgaard）的靈感，讓他開始了一個名叫Abrella的新創社會企業（social startup）。

1 安德瑞亞在台灣度假時碰到下雨，他看到有個架子放著失物招領的雨傘，決定先拿走一把，等雨停了再拿回去還。

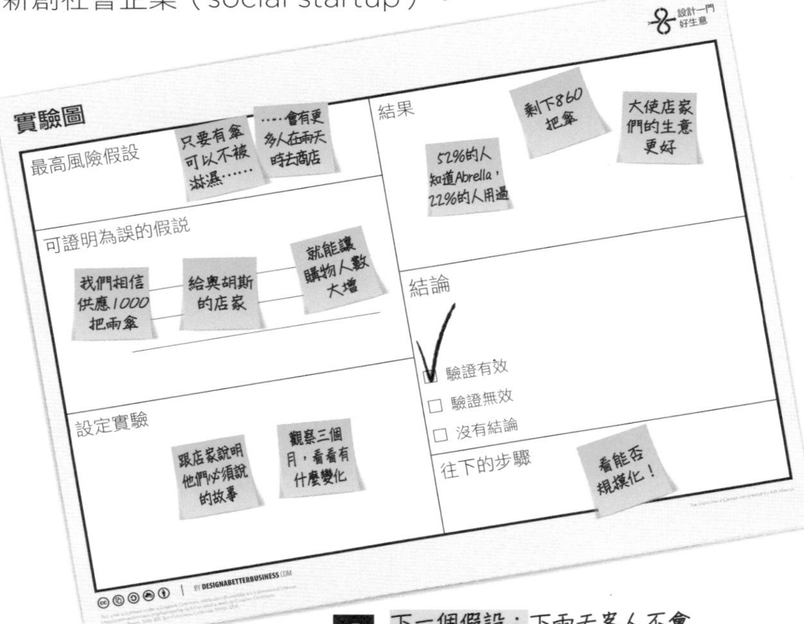

5 為了測試這個假設，安德瑞亞開始了一個試營計畫。他也想再清楚人們會不會把雨傘扔掉或偷走。他找到8個合作店家，結果他們成了Abrella的最佳「大使」。

2 這給了他一個創業靈感。他的家鄉丹麥每年有171個雨天，或許他可以創辦一家提供免費雨傘的社會企業，讓每個人在下雨天都能好過一些！他的第一個假設是：店家會喜歡這個點子。後來，與umbrella（雨傘）諧音的Abrella就此誕生了。

3 回到丹麥後，他做了第一個實驗：他在下雨天去找店家老闆，問他們生意如何。他們說，下雨時，他們的收益就會損失75%。

4 下一個假設：下雨天客人不會想冒雨去商店，因為他們不想淋濕。不過，一把雨傘就能讓這個問題消失。

6 這個試營計畫很成功，**最大的發現是人們不會扔掉或偷走太多的雨傘**。此外，能夠把Abrella創業故事說得精采的店主，雨天時會有更多開心的回頭客光顧，這是跟他們的顧客建立更長久關係的新方式。大使很重要。

安德瑞亞在丹麥第二大城奧胡斯（Arhus）的街道上訪問了200個人，問他們是否知道Arbella，結果在試營計畫後，有52%的人回答說「知道」。人們喜歡這個故事，而且會告訴朋友。

後見之明：與其跟中國訂製一千把雨傘，等上三個月才拿到貨，他們當初應該直接去IKEA買一百把雨傘，更快也容易得多……

這一千把雨傘分別放在很顯眼的特製傘架桶中。濕漉漉的雨傘往下滴落的水，可以用來養活傘架桶頂部的花。

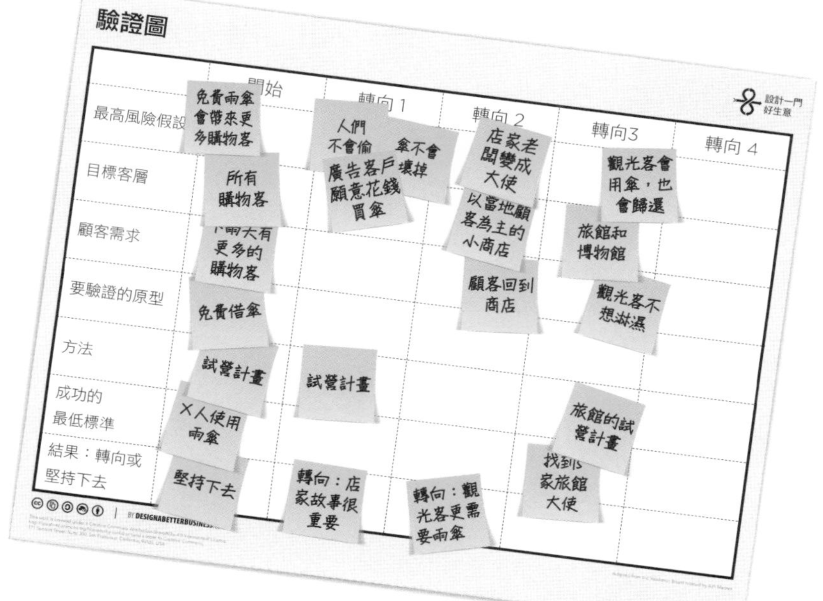

7 試營計畫之後，馬提斯·埃克斯特羅姆（Mattias Edstrom）成了Abrella的共同創辦人，他們開始擴展規模。他們有了更多的廣告客戶、更多的店家、更多的雨傘……還被票選為2015年丹麥最具創新能力的新創企業。**看起來情勢大好！**

8 擴展規模後，他們開始專注於解決其他問題，例如物流：有些地方的雨傘遺失率太高。另外，中間有一度，他們發現完全沒有庫存的雨傘了！到最後，**他們轉向到配合度更高的目標客層：**也就是只跟真正的大使店家合作。他們騎腳踏車親自送雨傘到這些店家，跟這些大使保持著聯繫。

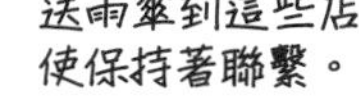

9 在這條創業之路上，**他們發現真正需要傘的人，大部分都是外來客。**本地人總是可以找到地方讓自己不會一身濕，但訪客和觀光客就沒辦法了。所以，馬提斯他們現在也把一些旅館和其他的進出點加入新大使的名單中。

關於驗證的幾個妙招

提示！ 下回策畫實驗時，先找幾個同事當測試對象做一次，然後修正問題。萬一，你拿著錯誤的問題跑出去問了好幾千個人，那就太慘了。

定性VS.定量

雖然定量測試的結果通常比較容易詮釋，但你在實驗中的第一步，卻是找出要測試什麼。根據要測試的目標，做一個定性實驗。人們一般會做的事是什麼？他們認為自己為什麼會做這些事？記住，執行定性測試並不表示你不能收集數據資料。

想獲得有關顧客經驗的豐富數據，定性實驗非常適合。務必確認你測試的是人們實際在做的事，而不是他們認為自己會做的事。另外也很重要的是，不要問有關未來的行為，因為顧客的答案都帶有幾分猜測性質（未來本來就是不確定的）。你應該問的，是他們現在的行為。

做完定性實驗之後，通常也很適合再回頭做一個定量測試，看看有多少人在現實中會表現出同樣的行為。定性測試會提供洞見，讓你知道自己是否已經充分準備好可以進行定量測試了，以便衡量你想要衡量的事物。

記住，如果你要測試的是小幅改變的反應，定性測試就不太能發揮作用。比方你如果在線上測試兩種不同顏色的按鈕，你所得到的定性測試資料就沒什麼用處。

另外一點，當你問人們會不會買你的產品時，他們都會很樂意地告訴你「會」。但這個資訊也是沒有用的。只有測試他們會不會真的花錢去買，這個資訊才有價值。

進行一次小規模的試驗

執行一次實驗需要花費時間和心力，因此，在開始進行大規模的實驗之前，先做一次小規模的試驗，先把測試本身的任何問題排除。

在Discovery頻道的節目《流言終結者》（*Mythbusters*）中，主持人通常都會先小規模測試他們的實驗，看看有什麼可能的結果，以確保他們的大型實驗會產生可靠的結果。

不要影響結果

進行測試時，絕對要確保你所做或所說的任何事情，都不會暗地裡影響你的結果。不要把你的原型「推銷」給受測試的對象。務必讓他們自行體驗，彷彿你不在場似的。

在線上進行測試時，使用分析工具就可輕易做到這一點。但如果不是線上測試，想要完全不影響結果就會比較困難。所以你在展示原型時要想辦法盡可能自然一些。

不影響測試對象的一個方法，就是預先交

給他們照相機或筆記本，請他們自行記錄自己的使用經驗。

測試競爭對手的產品

如果你還沒有原型可以測試，或者想要提前起步以搶得優勢，不妨試試看這招：讓人們去試用競爭對手的產品或服務，看看他們有什麼感想。

即使你還沒有任何直接的競爭對手，這個做法也可以給你寶貴的洞見。你對自己點子所做的某些假設，用在其他產品上頭也適用。

比方說，有一些設備公司會利用市面上已有的廚具做簡單的實驗，而推翻了他們某些最重要的假設。只要花點錢買個食物處理機，加上一個下午的時間，他們就知道自己真的必須做個大轉向了。

離線A-B測試

網路上的A-B測試十分流行，這是網站拿來快速測試改版、微調效果，並協助設計及做商業決策的一個方法。秀出同一個廣告或網頁的不同版本，看多數使用者會點擊哪一個。這個數據會明確告訴你是否該做改變。

即便是離線，你還是可以使用同樣的手法。你不必把同一個原型秀給每個測試對象看。先模擬出一本產品的小冊子（可以利用Keynote或PowerPoint之類的軟體來製作），改變價錢、秀出不同顏色，或者改變其他變數，看看對結果會有什麼影響。

不過要注意的是，每次只能改變一個變數，不然你得到的結果就會搞混。

如果你同時進行好幾個實驗，用不同的數值分別來操作你要測試的變數，就可以省下很多時間。■

提示！ 測試時，可以納入幾個超出你舒適區的版本。如果你想測試定價政策，就加入一個近乎荒謬的高價位。或許測試出來，會發現顧客對這個價格的感受不像你想的那麼離譜。

現在你已經……

- 找出你的**最高風險假設** P200
- 至少做過一個**實驗** P204
- 驗證了你的**最高風險假設** P206

接下來的步驟

- **進行你下一個實驗** P200
  針對下一個最高風險假設
- **重新審視你的觀點** P68
  你是否充分挑戰了自己的願景？
  你有必要調整你的觀點嗎？
- **回到開發／評估／學習循環** P46
  回到開發／評估／學習循環
- **你準備好了嗎？** P244
  檢查你的投資就緒級數

重點歸納

如果沒**經過測試**，再棒的點子都**一文不值**。

你的第一個點子遜斃了，你必須**趁早失敗，而且還要多失敗幾次。**

失敗就是學習。**除掉所愛。**

不要證明你的假設是對的，而是要證明它是**錯的**。想盡辦法讓你的點子失敗。

轉向或堅持下去。轉向，就是以往我們所說的「搞砸了」。轉向不會只有一次，每次的轉向都是不一樣的。

這不是演習。

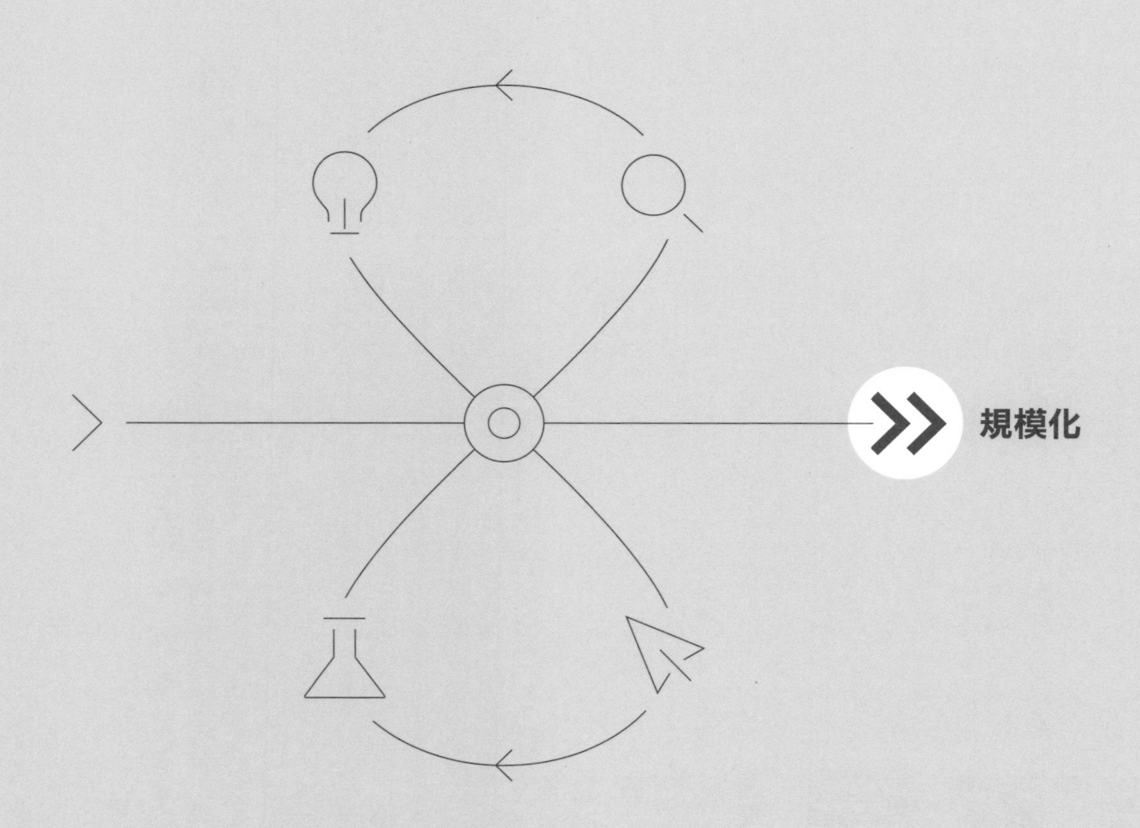
規模化

設計之旅 **規模化**

學習何時**規模化**

看看幾種不同的**規模化**方式

投資就緒級數

何時**規模化**

在這趟設計之旅，無論你是新創企業，或是成立已有一段時間的公司，有件事是確定的：這是一趟雲霄飛車之旅，旅程並非終止於你想出一個點子的時候。這趟旅程的目標，不但要將設計流程規模化，還要將創意的執行也規模化。

走到終點，然後呢？
現在我們已經來到旅程的最後一段了……呃，我指的是這趟設計之旅。在歷經雙迴圈、設計一門更好的生意，以及向你的顧客、全世界及向你自己學習之後，你應該給自己鼓鼓掌。你做到了！至少是一次。

不信任會扼殺創新。

現在把安全帶繫好，我們要繼續上路了。

設計出一次的創新是不夠的，因為這不是做一次就夠的事。就像任何行業一樣，設計也要練習。不間斷地一做再做，才會熟能生巧。如此一來，設計一門好生意的實務操作，才能內化成一種思維方式。

操控全局
操控全局會讓比數轉而對你有利，利用設計流程去建立一門更好的生意，會提高你（以及你的組織）的贏面。不論是了解、創意發想、原型製作或驗證，具備設計的思維方式都能讓你受惠，也能讓你得以施展並擴大規模。最棒的是，當你開始發展這種思維方式，透過自己的設計之眼看這個世界，你會發現，不僅自己的成功機率更高，也更有自信可以一口氣下注在幾個不同的牌局上。

近現代史已經證明，一個組織若能建立這種努力探索與學習的習性，成為組織的DNA，就最能把握機會將不確定性變為轉機。這類組織可以成功操控全局，讓情勢對自己有利，而且只要開始，永不嫌晚。

向其他人學習
那麼，我們要如何只憑一個成功設計的結果，進一步擴大到把設計思維融進組織的核心文化呢？

在本章裡，我們會看到一個特殊的共同工作空間、一個成功的加速器、一家大銀行設立內部的創新實驗室，以及一家大型能源公司透過收購而建立了設計能力。我們也會看到兩家大型軟體公司利用設計流程，把這種思維方式融入各自的企業文化中。

提示！ 你不只要把設計規模化，還要把整個團隊的人脈也規模化，才能針對他們的問題挖掘出更好的答案。

四大要素

要在自己的企業中把設計規模化，有四個必備要素。

第一個，也是最重要的，前面已經說過，往後也會再說，就是不要單打獨鬥。要把設計規模化，你會需要建立一個人際網絡，並找出方法加以利用。你需要有接近顧客的管道；有才華且志趣相投的人；要有人回饋意見；要有專家，甚至還要有投資人。任何人都可以在自己的名字前冠上「設計者」的名號，但沒了這些人際網絡，你只是一個擁有一疊便利貼和一枝麥克筆的傢伙而已。

第二，你為設計所做的一切努力都需要支援。如同歐特克軟體公司應用研發實驗室的莫里斯．康提所說的，在你開始走上設計之旅時，一定要有直通管理階層的聯繫管道。這樣你就可以得到需要的資源，包括時間、空間、資金及人員等等。

第三，你需要有快速學到實用知識的管道。一套驗證的方法（比方本書所介紹的），可以長期協助你得到向前邁進所需要的支援。但前事不忘後事之師，曾經因為執行這套驗證方法而犯過許多錯誤的那些人，你也有必要從他們身上學習。

最後一點，也是最重要的必備要素，就是信任。你需要信任這個流程，也需要獲得其他人的信任，這樣你才會覺得自己可以在一個有「安全容錯」（fail-safe）的環境裡犯錯、冒險、失敗，將傷害降到最低。對大部分成立已有一段時間的公司而言，這種信任很難建立，因而更顯得難能可貴。為什麼？因為不信任會扼殺創新。此外，隨著不信任而來的，就是嚴苛審慎的預算審查和打卡規定。

你的投資準備就緒了嗎？

本書收錄了連續創業家史蒂夫．布蘭克（Steve Blank）的投資就緒級數（Investment Readiness Level, IRL），可以用來衡量你公司目前的定位，以及你要成為成功穩健的企業，接下來可能要採取的步驟。■

投資就緒級數請見第244頁

提示！ 要規模化，你需要跟管理階層有直通的管道。此時大使們就能幫上大忙了。

甲骨文

規模化的連續體

以人為本

這類公司藉由提高所屬人員的技術，將設計規模化。

Eneco Quby
見226頁

新創事業實戰營
見223頁

歐特克公司
見164頁

由外及內

這類公司是進行外部投資的新創企業，不會影響自家公司內部的核心文化或流程。

Matter
見228頁

蘇格蘭皇家銀行
見224頁

流程導向

這類公司會把重心放在建立核心的設計流程，讓規模化的觀念影響整個公司。

規模化連續體是一個2×2的矩陣，用以描述不同公司在面對設計流程規模化的問題時，是如何處理的。

走到終點

當你的點子準備好要進入完全執行的模式時，就代表要規模化了。對於成立已有一段時間的公司而言，執行往往就表示設計流程到此為止，但對於一個還在尋找能長久採行的商業模式的新創企業而言，所謂的規模化，就是要建立一個更大、更好，或終於可以賺錢的產品。

新創企業永遠都要遵循雙迴圈學習，他們會根據自己對顧客的日漸了解，持續驗證並調整觀點。

設計規模化

本書所談的規模化，更適用於新創企業：規模化的目的是要處理另一個不同

由內及外

在這類公司，
設計觀念深入團隊的
每個成員心中，
成為公司文化的一部分。

的問題、提高籌碼，以及繼續設計之旅（也就是讓設計成為一種企業文化）。

所謂規模化，就是要利用本書所介紹的流程，試著把它擴大應用在整個組織裡，以期找到更好的方式從不確定裡開創機會。設法更上一層樓！

在一個組織裡，有很多方式可以將設計規模化。不過，儘管這本書介紹了多種設計與創新的工具，但規模化的重點主要是組織的思維方式，而跟特定工具的關係不大。由於每個組織都有自己的文化和獨特的挑戰、機會及結構，所以規模化沒有唯一的完美流程或工具。相反的，設計規模化的目的在於深入組織文化之中，讓各種設計工具都能用得更得心應手。■

規模化的不同方式

加速器（accelerator）、孵化器（incubator）、創業工作室（startup studio）都是相當新的構想，唯一專注的焦點都是規模化。在這些方案中，新創企業利用設計來激發自己不斷轉向，直到他們找到規模化的方法，或是耗盡資源。如果你想在自己的組織裡把設計規模化，就該知道那些成功的組織是怎麼做到的。

關於加速器

如果你上網搜尋加速器培訓計畫，就會發現全球各地有超過兩千個這類組織。部分是因為資本便宜，部分是因為珠玉在前，像Y Combinator、Techstars等知名的加速器都很成功，使得加速器育成空間在最近幾年爆炸式成長。加速器的不凡成效，加上媒體爭相報導，於是像蘇格蘭皇家銀行、法國絲芙蘭（Sephora）連鎖美妝店、耐吉（Nike）、塔吉特（Target）連鎖零售百貨商場，以及職棒大聯盟的洛杉磯道奇隊等大公司，都紛紛開辦了自己的加速器。

加速器可以為新創企業和大公司服務，但相較之下，大公司有更廣的網絡和更多的資源，可以利用加速器來贊助新創企業、促進創業家精神，以及培育創辦人。

什麼是創業加速器計畫？

創業加速器計畫是一種高強度的企業與個人育成計畫，協助一小群有企圖心追求成長和影響力的創辦人。

加速器提供的支援有各種形式，包括師徒制、負擔得起的便宜辦公室空間，以及一些創業資本。簡單來說，一個育成計畫會由以下的核心元素組成：

- 所有人都可申請，競爭激烈。
- 提撥種子期前投資（pre-seed investment），通常是換取普通股。
- 聚焦於限定數量的小團隊。
- 固定期限內提供支援，包括常規活動和密集顧問指導。
- 最後一天的「演示日」（Demo Day），由各新創公司以現場或在線方式向投資方推銷他們的點子，以募集第一輪大筆資金。

以往都是投資管理公司主動去尋找最有前途、還在初創期的公司來投資，他們期望這些新創企業會繼續下去，募集到接下來的幾輪資金，最後能被收購或得到首次公開發行（IPO）的機會。但今天，則有了一套新的思維方式，還有各種不同的加速器育成計畫，每種都有各自的願景和企圖心。■

加速器簡述

工作空間

一個提供桌椅、辦公空間及基本設施的辦公場所，以折扣或低價出租給新創企業和成長期的企業。

創業週末、黑客松，以及新兵訓練營

活動時間48-72小時，讓有創業意願的團隊在嚴格的時間限制下，從點子發表到最後的商業模式完整呈現。

創業加速器

獲利導向（主題式）課程計畫，開放各界申請。參加者是各家由小型創業團隊所經營的新公司。預期要在課程期間，輔導這些被選中的創辦人開發出初步的創意。

大公司的創業加速器

非營利導向的課程計畫，開放各界申請。參加者是各個由小型創業團隊所經營的新公司，這些計畫的焦點是要建立網絡和生態系統、改變公司文化、激發出創意與技術，以及開創工作機會，讓社會上的更多人受益。

創業工作室

小型的、更偏重實際操作、也更私人性質的加速器：只有少數幾家新創公司參與，工作室的主持人會為每家新創公司投注自己的時間和心力，設法協助他們擴大規模。

對的地點，**對的時機**

我們成立新創事業實戰營（Startupbootcamp）時，是在對的地點和對的時機。一路下來，我們看到世界各地冒出來很多新的加速器，也很興奮看到這麼多人有興趣協助創業家及新創團隊建立事業。

經營加速器不是什麼高深的火箭科學，但需要長遠的眼光以及耐心，去跟博學的投資夥伴共同建造出生態系統，還要有能力幫你的商業模式轉向。我們的關鍵發現是：商業模式必須獲得創始合夥人的金援，而且大部分的商業模式都需要其他的收益流，比方創新學程和大公司的創新激勵計畫等。

大部分的新創公司都不會馬上就退場，而我們也願意長期堅持下去。

魯德·亨德里克斯（Ruud Hendriks）、派翠克·德齊烏（Patrick de Zeeuw）
Startupbootcamp創辦人

1871，一個共同工作空間的變化版

1871

1871創業家中心成立於美國伊利諾州的芝加哥，是一個供設計者、程式設計師、創業家彼此學習、彼此鼓勵的非營利社群，大家在這裡一起分享創業的艱辛學習歷程。

讓我們面對現實吧：車庫被高估了。冬天冷得要死，夏天熱得要命，而且一整年都很孤單。

//霍華德．圖爾曼（Howard Tullman），1871執行長

重回1871年

1871年的那場芝加哥大火對於當時繁榮的經濟是一大打擊。在城市重建的需求之下，產生了許多偉大的創新、跨領域的交流，以及實用的獨創巧思。到了2012年，一群芝加哥科技擁護者想再次點燃這股熱情，於是成立了這個別樹一幟的創業家中心1871。

繁榮的經濟是什麼樣子呢？這樣的經濟，重要的不僅是要開創一個能培育創業家精神和創新的環境，同樣重要的，也要讓大公司變得更大。1871這個數位新創公司的創業家中心，位於芝加哥歷史性的建築「商品市場」（Merchandise Mart）大樓內的12樓，在這裡，創業家們尋求一個共同合作且有彈性的工作環境，可以設計並建立他們夢想中的事業。

有關1871最有趣的一點，或許就是這個創業家中心從一開始的用意，就是要協助創業者擴展人脈。

透過這個人脈，已成立的新創公司就有一個觸及潛在顧客的現成管道，可以用來驗證他們的創意是否可行。而對於那些剛成形的新創公司或甚至是創業者來說，他們可以在這裡找到共同創辦人，以及其他能幫助發展創意的人。因此，1871的重點就是規模化：擴展人脈來放大機會，讓設計充分發揮。

重點提要

要建立一門成功的生意十分困難。如果你跟社群的其他人沒能建立聯繫，那就更加困難了。像1871這樣的社群，可以協助有志於創業的人組建自己的團隊，努力補強適應力及挺下去的毅力。

以人為本

由內及外

工作空間

STARTUPBOOTCAMP加速器

派翠克・德齊烏訪問美國時，愛上了創業育成中心Techstars的概念。他想在能力所及的範圍內幫助更多的新創公司，越多越好，但他也明白光靠自己無法辦到。於是，他找了朋友魯德・亨德里克斯一起創辦了Startupbootcamp這個創業加速器。以下就是他們的心得。

以人為本

由外及內

創業加速器

五花八門的團隊很難管理，但也最充滿活力。

//派翠克・德齊烏，Startupbootcamp聯合創辦人

我們如何招收新創團隊

幾年來我們一路不斷的修訂申請標準。如果你遵守或具備以下4M條件，就可以入選Startupbootcamp：

市場 Market　你是否清楚界定了你的利基市場？

模式 Model　你來這裡是為了要賺錢的嗎？

管理 Management　你有這三個合作夥伴（前段、中段及後段的產品發起人）跟你一起創業嗎？

動能 Momentum　現在是你創業的正確時機嗎？

好吧，最後一項有點難以定義。

重點提要

要經營一個加速器機構跟做房地產不一樣，重點不是透過人脈和知識去增加價值，而是要推動各新創團隊走出大樓去尋找顧客需求。

你不能害怕失敗。商學院或大公司可能教得你畏首畏尾了，但來到這裡，失敗就意味著學習。

不要害怕說出：「我不知道。」沒關係的，我們也不是無所不知。願意示弱，坦白承認自己的無知，才能成長。

創辦人之間萬一不和往往會釀成大禍，有些公司會在內部鬥爭中迷失方向。這類不和務必要立刻解決：一定要在內部問題變成大麻煩前，先趕快修補。

蘇格蘭皇家銀行：大公司的創業加速器 RBS

國民西敏寺銀行（NatWest）、蘇格蘭皇家銀行（RBS）以及烏斯特銀行（Ulster Bank）這三家銀行都非常重視未來發展。他們的加速器基地提供免費的工作空間，以及跟其他創業家、特別訓練過的行員及有經驗的企業導師合作的機會。

我們協助他們的事業動起來。

//羅斯・麥克伊旺（Ross McEwan），RBS執行長

加速器基地

國民西敏寺銀行、蘇格蘭皇家銀行以及愛爾蘭的烏斯特銀行一起與加速器「創業火花」（Entrepreneurial Spark）合作，在全英國各地開設免費的企業加速器基地，接受任何領域的創業家申請，提供免費的工作空間，還有跟其他創業家、特別訓練過的銀行人員及有經驗的企業導師合作的機會。

在每一期加速器計畫結束時，會舉辦一場「畢業典禮」，讓所有創業家和企業顧問共聚一堂。這提供了加速器畢業生一個機會，可以向潛在的投資人推銷。

蘇格蘭皇家銀行的商業與私人銀行業務執行長亞里森・羅斯（Alison Rose）表示：「我們下定決心要支持英國各地的創業家，讓他們能夠對經濟產生正面的影響。這就是為什麼我們會在全國各地建立創業生態系統來培養創業家發展經濟，提供新創企業最佳的成功機會，同時還有免費使用的基地，讓他們專注於事業，不必擔心辦公室設備之類的事情。」

重點提要

國民西敏寺銀行、蘇格蘭皇家銀行及烏斯特銀行的創業家部門主管高登・馬里利斯（Gordon Merrylees）說：「我們將會在五年內免費支援七千名創業家。我們跟我們的夥伴『創業火花』將教導這些創業者新的思維方式、行為、商業模式，以及如何籌募資金。身為銀行，我們將會提供專家意見、知識，以及接觸市場與人脈的管道，以協助建造堅強的創業家社群和文化。另外，同樣重要的是，我們的員工也會參與，不只是協助而已，他們自己也可從中學習。我們現在已經有了自己的創業發展學院，讓同事們可以發展並學習創業家精神。如此一來，他們更能懂得如何跟客戶溝通，也更可以了解並協助企業所面對的種種挑戰。」

流程導向

由外及內

大公司加速器

SEB創新實驗室：企業內部孵化器

SEB創新實驗室的主任麥特．馬西克（Mart Maasik）描述該實驗室是一個讓「非專業」開發者與多元化團隊一起合作、彼此貢獻所長的好地方。他表示，我們也開始嘗試跟外界夥伴的學生合作。

以人為本

由內及外

大公司加速器

我們追求的目標

我們的意圖很簡單：我們想激發員工的創新能力。第一優先就是人。我們希望這個實驗室能聚集眾多經驗豐富的「燈塔」型人物，產生群聚效應，彼此互相啟發、找出解決方案。有時我們會把這個實驗室稱為「基地營」，讓員工在此追求個人發展，並有系統地更新組織，不會在未來被淘汰。

重點提要

自從開辦創新實驗室以來，我們學到了好多。人們把在這裡學到的很多新技巧，當成自己經驗的一部分。首先，要學著去了解顧客，把他們的經驗視為更長遠旅程的一部分。此外，他們也在這裡磨練由點到面的理解能力，靠自己琢磨出答案。如果我們正在討論的服務必須重新設計或簡化，那麼在解決技術問題之前，最好先弄清楚整個系統。假如我們的目標是一個新的服務概念，那麼重點就是要學會如何設定願景，同時也要有能力蒐集證據來支持這個願景，協助整體的發展。最後，對大部分人來說，領導一個團隊是一個重大的學習曲線。領導一個多元化的團隊，有助於你成為一個多才多藝的領導人。

我們由此也知道，如果能提供一個安全的環境，人們其實是喜歡實驗的。我們也發現對大部分人來說，一開始做顧客訪談都很難上手，但他們得到的回饋及故事真的很有力量：驗證越多，學得越快。

對於已經習慣整天都在執行工作的人來說，創新流程可能會讓他們暈頭轉向。

//麥特．馬西克，
SEB的創新實驗室主任

QUBY & ENECO。一起攜手合作

Quby

2005年，巴克斯（Ivo de la Rive Box）加入Quby新創公司，協助這家新公司擴展規模。當時他根本不知道能做什麼。後來經過五年的幾次轉向後，荷蘭能源公司Eneco創新與風險投資部門的塔寇．韋爾德（Tako in't Veld）說服他們一起開發了一個成功的恆溫系統。

大公司只看見風險，新創企業卻能看見機會。兩者聯手，就可以抓住機會實現並兼顧安全。

// 塔寇．韋爾德
Quby智慧能源（Quby Smart Energy）主任

暫時留在體制外

為了避免剛收購的這家新創公司面對董事會而被扼殺活力，塔寇．韋爾德採取了保護措施，讓他們不必經過公司內部的審查和官僚體制。等到Quby團隊成功融入組織且試營計畫也成功之後，才讓董事會去做他們該做的事：仔細評估下一個高風險的階段。

重點提要

如果你收購一家有不同文化、不同工作風格的新創公司，別期望他們的成員可以完美融入一個既有的公司組織中。

而且，你也不希望這種事情發生。他們不應也不能去適應這樣的工作環境，而應該是你去適應他們！成為他們團隊的一員，帶一箱啤酒去參加他們的星期五快樂時光，了解他們的文化與風格。

等到這家新創公司比較熟悉環境了，就派公司裡的其他人加入他們的團隊，但必須是長期的。一般大公司常見的職務調動、團隊重組，並不適用於小型的新創企業。

Quby原始團隊的能量和熱情，如今都已經在Eneco內部擴散得又深又遠，全公司的人也對他們研發的新產品與有榮焉。這家新創公司的加入，也讓Eneco這個大集團重新調整自己的思維方式。如今，Eneco不再只是商品市場裡的一家能源公司，他們已把自己視為一家數據導向的服務公司，提供可以支援銷售和節約能源的高品質產品。

以人為本

由外及內

買一家新創公司

Adobe ADOBE的蜂巢式創新

安・李奇（Ann Rich）是Adobe系統公司「加速設計與創新」團隊的資深經理，她剛進公司時，就看出Adobe的「蜂巢」（HIVE）所使用的設計流程，非常適合在重大挑戰中找出解決方案，而且這個流程必須規模化。

流程導向

由內及外

企業內專案

大規模解決問題

Adobe軟體公司員工超過一萬四千名，跟其他很多大型組織沒有什麼不同。他們有全球各地的人力，有眾多產品供應不同的市場，從一般消費大眾到專業創意人士到行銷人員都有。因此，這麼多員工要共同合作，並大規模解決問題，是一個很大的挑戰。

試營期

2014年，Adobe的技術主管喬伊・德林（Joy Durling）連同策畫與事業經營主任金・曼斯（Kim Mains）想出一個新願景，要加速創新並處理Adobe最重大的挑戰。他們與8Works管理顧問公司合作，推動一個原型，並把Adobe總部的一個現有空間改裝成現在稱之為「蜂巢」（The HIVE）的基地。德林和曼斯希望測試Adobe是否已經準備好將設計思維規模化，以便加速開發解決方案，應付重大的企業挑戰。

四百多人一起透過蜂巢為共同協作而設計的一套方法論，解決了許多重大問題。結果證明蜂巢很成功，接下來就是規模化了。2015年，安・李奇獲聘為創新與設計策略師，她的工作就是負責監督把蜂巢原則擴大到整個組織。

重點提要

從這段旅程所學到的重點之一，就是這種高度參與的成果，未必能直接應用在日常的工作中。為了規模化，蜂巢必須走出會議，並走向能力開發。安・李奇所收到的最好回饋，是來自印度班加羅爾（Bangalore）的一位Adobe員工：「你什麼時候可以教我們做這個？」■

這個方法比有形的空間大多了。

// 安・李奇，加速設計與創新部門資深經理

MATTER：設計導向的加速器

媒體加速器Matter的執行董事科瑞．福特（Corey Ford）說：「Matter是一個設計導向的加速器計畫，支援想要永遠改變媒體的創業者。主要的重點在於創投加速，更快抵達你的目的地。這是個密集緊繃的高強度計畫，但是很值得。」

創投加速

Matter加速器的主力放在創投加速，讓你更快抵達目的地。重點不在於獲得一個工作空間，而是要協助投資組合公司超越現有的經營、募資及顧問網絡，更快也更順利地達到產品／市場的適配。

Matter是為期五個月的加速器計畫，從一週的新兵訓練營開始，接著是四次各為期一個月的設計衝刺（design sprint）計畫，整個過程密集而緊繃，但是非常值得。

「設計思考」驅動一切

「設計思考」適用於一家公司的所有生命週期。我們的計畫位於設計思考、創業家精神及媒體未來的交會點上。第一步是最關鍵的，因為設計思考根本上是由人本觀點所驅動的，其課程不僅讓人們短時間就從發想快速衝到進行第一次測試，也可以應用在銷售策略、募資、區位擴張及招聘實務上。

經過我們訓練的新創團隊，都能學得一套技巧，讓他們往後多年都能行動得更快。

MATTER與眾不同的關鍵

在Matter，我們一直刻意去創造一種實驗文化。我們的宗旨是為這些創業家和我們受困在老派媒體組織中的合作夥伴創造一種體驗，協助他們發揮最大的潛能。我們所做的，遠遠不只是為創業家提供空間和資金而已。我們的重點，也不只是得到最高的財務回報。

思維方式驅動我們的工作

我們所信奉的獨特思維方式，都有清晰的視覺化訊息。在每個思維方式的背後，例如「大膽破壞」和「說故事」，都有明確又清楚的行為和行動提詞。這些標語是一種提醒，讓我們記住自己希望在投資者、策略合作夥伴、創業

我們如何在20週的流程裡，
創造出一個有吸引力的可行點子？

家、導師以及更多的社群人士面前如何表現。它們就像是「信號產生器」，打造出我們想要的文化，而這些文化必須遍及我們所做的一切。

最重要的是回饋

在我們的流程中，主要核心就是規律而嚴謹的回饋循環。我們的創業者每個月必須在我們稱之為「設計評論」的大會中，面對一個由各路專家和受信賴的導師所組成的評審團，進行一次電梯簡報和產品示範簡報。這是一個暢所欲言的安心空間，可以獲得各種角度和觀點的建設性批評，主要焦點在於找出產品或服務的未知數。牆上貼有九個問題，人人都能看見，每個設計評論都會透過這九個問題形成交叉火網。例如：「你的興奮會蓋過你的猶豫嗎？」我們要求所有聽眾及其他創業者都要回應這些問題，這會讓他們能夠給出並接受意見回饋。

我的假設是，創業這條路是孤單的。大部分的人要等很久才能獲得回饋；而等到他們得到回饋時又往往太遲了，而且通常會讓人覺得太過嚴苛。在這裡，回饋就是一切。

視覺化的一頁事業營運書

一頁計畫書讓我們可以透過非常直覺和清晰的問題，對我們的事業有所了解。同時這份計畫書也能促使我們評估創業的可能性。

可以慧劍斬愛的創業家，才是全世界最棒的。

很多商業事務都會在計畫書中整理就緒，計畫書會將商業用語拆解為「我們可以怎樣……」等問題，這會協助我們克服深奧的專業術語。

比方說，如果你問我們的創業家是否知道「永續性競爭優勢」是什麼，有90%的人會說聽過，但其實並不真的知道它的意義。

我們要找的對象

我們所尋找的團隊，要能夠放棄自己的原始創意和計畫。由美國網路新聞媒體公司BuzzFeed收購的新創公司GoPop，就是這樣的絕佳例證（GoPop原是圖片社交新創公司，現在正在努力製作手機原型）。很多新創團隊都會緊咬行不通的點子太久，最後就把時間用光了。

另外，還有一些團隊意識到靈光乍現的時刻。他們可以信心滿滿地斬除自己曾經熱愛的點子，即使不知道接下來會怎樣。他們知道前車之鑑，因而給了他們這樣做的勇氣，也有信心往下探索未知。»

MATTER：設計導向的加速器

換位思考與人的因素

採取測試設計法的美好之處，就是一切都從人的因素出發。你整個探索流程，所根據的是真人的需求。否則就像是把整個事業建立在沙子上一樣。

一旦你開始去了解那些將來會使用、會購買你潛在產品的人，就會更容易建立並測試正確的原型，將其吸引力和可行性最大化。缺乏這種換位思考的同理心，精實創業往往會發現，他們對於自己決定要創造的東西太過樂觀，根本沒搞清楚他們是否真的需要創造出這個東西。基本上，精實創業是局部最大值的一個絕佳手段，但不見得能做到全域最大值。

重要的是速度，不是階段

當我們評估加速器的各家新創公司時，要判斷他們是否適合我們，是根據該創業團隊的整套技巧和過去的紀錄，以及他們的產品與服務令我們感到興奮的程度。

但最重要的，我們希望看到的是他們擁有在創業迷霧中前進的思維方式和衝勁：他們一致對準任務目標、密切合作、以用戶為中心、原型導向，而且準備好走過沙漠去永遠改變媒體。

他們利用這個難得的機會，從這個生態系統中每個人的貢獻獲益，包括導師、媒體合作夥伴、投資人以及創業家彼此。他們把意見回饋視為禮物。而且他們希望能加快速度，達到成長的下一個階段。■

花時間跟導師以及其他提供意見回饋的組織互動。

前面所談的都是如何在組織內將設計規模化，未來的領導人就是今天能夠掌握設計工具及技巧的人，他們同時也具備設計師的思考方式，我指的不只是設計師出身的人。

在全世界各地，無論是MBA課程或商業管理教育的忠誠擁護者，都正欣然接受設計思考的這套方法論。在某些個案中（例如以下幾頁將會介紹到的），設計已經完全與商業融為一體，密不可分了。

隨著世界不斷變化，我們需要有不同的技能和新的思維方式去應對，而MBA課程也隨之演變，以確保畢業的領導人有相應的技能和思考方式。無論你喜歡與否，你公司未來的領導人都是設計者。設計的時代即將到來。你準備好了嗎？

未來的領袖都是設計者

掌握企業管理的模糊性

我們是否教導了企業領導人正確的能力與技巧，以面對今天這個時時變動、不可預測又令人興奮的環境？

問自己「問題是什麼」，而不是「答案是什麼」。

如果你是在至少五年前拿到MBA學位，那麼你是透過上課、教科書、個案研究、分組作業，學了行銷學、經濟學、財務金融、經營學、組織行為與領導學。你會學到行銷的四P理論、包含五力分析的競爭力，而策略則可以簡化為三種選擇：市場領導者、迅速追隨者，或是低價供應者。領導人是具有宏觀視野的人，而經理人則要具備經營技巧以監督專案和人員。從當時到現在，很多事情都改變了。如今，接連不斷的改變助長了新的破壞者和破壞，把舊的策略遠遠拋在後頭。

CCA DMBA

加州藝術學院DMBA

納森．謝德洛夫（Nathan Shedroff）是加州藝術學院「設計策略企管碩士」（DMBA, Design Strategy MBA）研究所的創辦所長。他設想出一個完全不同型態的研究所，讓正在崛起的未來領導人接觸不同的思維方式、訓練以及實務，幫他們去想像並設計出更好的未來，不只是獲利，也同時是永續、有意義的企業前景。

「設計者知道，你不必坐等其他人改變。在永續性和資源稀少的經營環境下，我們需要全世界60億人口都有一致的想法，做出正面的改變。我們要把設計流程引入教育系統，從幼稚園開始，一路往上到高中。我們要告訴這些學生，他們不能再這樣下去了。」

//納森．謝德洛夫，DMBA所長，designmba.cca.edu

為創新而努力

競爭不再是根據誰能抓到最大（固定）比例的顧客需求，而是要看誰能以全新的方式，即時回應真實顧客不斷變化的需求。只要輕輕點擊一下，顧客就可以找到他們想要的任何服務或產品。而如果他們不喜歡這個服務或產品，就會透過網路立刻用幾則推文帶來毀滅。

為創新而努力是今天的通則，而非特例。可行的商業模式如今各種類型都有，要想持續維持成功，遠比傳統企管碩士課程所描述的案例研究複雜得多。

//Emily Robin
DMBA 2016年畢業生

那麼，在今天這種充滿活力、不可預測又令人興奮的環境裡，未來的企業領導人必須具備什麼知識和經驗呢？

直覺式技巧

十年前，丹尼爾・品克（Daniel Pink）給我們的挑戰，是要我們去思考「藝術碩士是新的企管碩士」（MFA as the new MBA）。在他影響深遠的著作《未來在等待的人才》（*A Whole New Mind: Why Right-Brainers Will Rule the Future*）一書中，品克預測世界會變得更自動化，更多工作外包、產品更豐富。他指出教育和組織應該更著重於高體會、高感性的技巧，諸如同理心、故事、玩樂及意義等。簡單來說，他力主透過訓練來支援我們創造性與直覺式的技巧，還有開發我們流程導向及定量評鑑的技能。

品克的願景，比大部分我們今天不可或缺的事物（例如智慧型手機和Uber）都要更早一步實現。他的預言正確，唯一失算的是沒料到發生的速度居然那麼快。

「不知道」所有答案，卻依然感到安然自在，你多久沒有過這種感覺了？

模糊性

DMBA相信，現在應該納入品克的藝術碩士想法，當成MBA課程的新標準。我們可以從改變這些課程的名稱開始。「精通企業管理」（Mastering Business Administration）的時代早就過去了（我們現在還能管理什麼呢？）。如今，我們必須教導的模式，更適合的名稱是「精通企業管理的模糊性」（Mastering Business Ambiguity）。

在證明之前，
一切都只是
假設而已。

// Shribalkrishna Patil，
DMBA 2016年畢業生

「精通企業管理」的時代早就過去了。

過去六年，創新設計的領導人物麗莎·凱·索羅門（Lisa Kay Solomon）一直是加州藝術學院DMBA的授課老師，在這個開創性的課程中，焦點是將創造力與解決難題的分析技巧整合起來，以持續性且市場衝擊力導向的方式去建立、獲得及擴大價值。這所創校109年、備受推崇的藝術與設計學院，現有13種碩士課程，DMBA是其中之一，其教學法融合了該校傳統與舊金山灣區的創業家精神。

調適性問題

DMBA有四個學期，每學期都有一門工作室課程，綜合理論、典範實務、動態工具，以及實際了解真正的客戶或新冒出的世界重大課題。這些課程是為了幫學生跳脫以利潤為中心的思考方式，去深思他們工作的社會、社群及環境的影響力。在「創新工作室」中，學生會處理複雜的調適性問題，例如貨幣的未來、工作的未來，以及選民參與的未來等等。這些挑戰都是入門課，從進入研究所的第一天就開始，好讓他們打好基礎去面對整個學程中將會體驗與執行的聚斂／擴散流程。

團隊的創建人

就像任何企業挑戰一樣，這套方法也需要勇氣及意願，去面對種種沒有單一解答的問題。學生們應用本書中提到的同樣工具和技巧，去找出可能的解決方案。他們學習視覺化思考及設計思考、轉換觀點，以及換位思考、同理心、沒有預設答案的提問方式。他們學習如何透過各種溝通管道，去促成有生產力且具備多元化觀點的團隊協同合作。他們有機會直接和各種領域的產業專家和領導者一起共事，這些專家不只是以講師身分參與課程，同時也以協同創造者、導師、人脈創建人的身分，跟這些學生一起學習。»

在你的組織裡，有誰可以協助你把設計規模化？

為什麼？
為什麼？
為什麼？
為什麼？
為什麼？
為什麼？

//取材自Sebastian Ibler
DMBA2016年畢業生

為什麼?
為什麼?
為什麼?
為什麼?
為什麼?
為什麼?
為什麼
為什麼?
為什麼?
為什麼?
為什麼?
為什麼?
為什麼?
為什麼?
為什麼?
為什麼?
為什麼?
為什麼?
為什麼?
為什麼?
為什麼?
為什麼?
為什麼?
為什麼?
為什麼?
為什麼?
為什麼?

因為……

> **個人努力與團隊合作同樣重要。**
>
> //珍妮佛．穆勒（Jennifer Muhler）

活用的創意

每個學期，DMBA的學生都有機會為眼前的問題找出原創性的解決方案。他們利用動態的框架和工具，嚴密檢視現有的商業模式——同時又創造出新的商業模式。他們必須是頑強又好奇的研究者，也是條理分明的調查者，同時磨練自己的直覺和策略性判斷。他們必須找出令人信服的新方式，把自己的洞見轉譯為用假說推動的實驗，把創意付諸行動。他們要學習在分享自己的創意時，使用扣人心弦的說故事和體驗式演示法，強調創意的情感需求，而不只是財務上的好處。學生們逐漸適應了不確定性和模糊性。他們冒險跳出舒適區，學習新的職能，即使早早失敗也在所不惜。

這就是我們的新領導人

最重要的，DMBA學生要學習一種充滿可能性、樂觀、豐富的思維方式——他們對於自己的領導人角色充滿自信，這種領導人的任務不是要傳遞單一的、證明為「正確」的解決方案，而是要創造出空間、情境及團隊，以實現某些革命性的事物。他們擁有一種新語言、新工具、新技巧，而且有能力持續且重複地從變動中找到機會，加以利用。如果你想在未來做出改變，這就是你必須具備的思維方式。■

//設計MBA書架

DMBA校友 在真實世界裡掌握模糊性

你熱中解決的棘手問題是什麼？

亞當・道勒ADAM DOLE
2010年DMBA畢業生
設計全民健保系統

在取得DMBA第一屆學位後不久，亞當就被白宮任命為總統創新幕僚（Presidential Innovation Fellow）之一，進入白宮工作，與美國衛生與公共服務部合作，加強促進與私部門的合作，並促進美國個人化保健醫療的成長。

蘇・波洛克SUE POLLOCK
2013年DMBA畢業生
設計永續星球

蘇是自然保護協會負責發展保護專案的主任，她透過設計來協助包括科學家、環保人士、擁護者、金主、非營利單位等差異極大的各方人馬，朝向共同的目標一起合作。「我們的工作往往要處理棘手的問題。把工作做好的關鍵，就是將所有參與者凝聚在一起，在互信基礎上取得共識。」

穆罕默德・比拉爾
MOHAMMED BILAL
2014年DMBA畢業生
設計跨文化社群

穆罕默德是個充滿魅力的說書者、製作人及電視名人。身為「非裔藝文中心」（African American Art Culture Complex）的執行主任，他管理這個充滿活力的機構時，所致力的焦點是透過以非洲為中心的藝術與文化、媒體、教育等等方式，來增進社群的自主權，同時為兒童及青少年規畫課程、啟發他們，使他們成為改變的原動力。

轉型的召喚

打破傳統的企業人生

如果能夠傳授一個祕訣給我以前工作過的公司，同時也給以前的自己，我會這麼建議：今天就開始設計。開始為顧客設計，開始為商業模式和價值主張設計，開始為未來的策略設計。總之，開始就對了。不過，我以前可不是這麼想的。

賈斯汀・羅奇茲
（Justin Lokitz）
策略設計師

開始

在就讀加州藝術學院的設計策略企管碩士（DMBA）之前，我先後在一些非常大型的B2B軟體公司工作了十五年，例如甲骨文（Oracle）、海克斯康（Hexagon）以及歐特克（Autodesk）等。我在這些公司的服務期間，扮演過多種角色，從銷售工程師、軟體工程師、產品經理到策略設計師。這些以產品為中心（相對於以顧客為中心）的公司經常掛在嘴邊的，往往是市場需求規畫書（MRD, market requirements document）、產品需求規畫書（PRD, product requirements document ）、產品路徑圖（product roadmap）這類的內容。更精確來說，以歐特克為例，在我擔任資深產

思考方式

品經理期間，大部分的事務都是按照一年的產品週期、並根據五年的產品路徑圖而運作的。

不過後來歐特克採取一些大動作，轉型朝雲端發展，顯然整個公司就得從原先持續推出新產品，轉型為追求現有產品的漸進改善。個人也一樣，我對於似乎永無止境且往往徒勞一場的趨勢預測，覺得非常挫敗。但我知道，開發軟體一定有更好的辦法才對。

大約就在我開始考慮要去讀MBA時，精實與敏捷開發（lean and agile development）這類設計實務已經普及起來。即使在歐特克，包括我在內的許多小組，也開始採用敏捷開發法了。當我循著為期數年的產品路徑圖往前走時，也讀了很多關於採用設計思考而打造出更好產品的資訊。當然，我也知道自己不只是想打造出產品而已——我想打造的，是重要的產品。

轉變為設計思考者

大部分的人讀研究所，是想拿到一個商學院學位，好增加工作機會，但我不一樣。身為一個大企業的內部創新者，我當然希望能在歐特克打響自己的名號。但身為創業者，我也對歐特克外頭的種種可能性充滿好奇，尤其是舊金山和矽谷迅速擴大中的科技圈。»

轉型的召喚

**我能看出自己職涯中
那些大公司的挑戰與機會，
而大部分的人卻都視而不見。**

我開始尋找專注於創業的企管碩士班，無意間發現了加州藝術學院的DMBA。引起我注意的是，DMBA的學生會實際演練策略性的設計思考，而不只是學習這些時髦術語的理論而已。

短短兩年期間，每個學生小組都會在相對安全（比較不怕失敗）的環境中，幫至少六個真實世界的客戶或專案開發商業模式和策略，有時也會跟客戶一起合作開發。我嚮往極了。

在歐特克，我必須想辦法讓這艘巨大的軟體船不會下沉。正因如此，我通常不敢冒險同時進行好幾個案子——而且當然也承擔不起太多的失敗。於是，我註冊進入了這個DMBA班就讀。

驚喜瞬間

我在這個DMBA班的個人旅程，跟大部分的同學有些不一樣。首先，我比99%的同學都年長——他們大部分都是二十來歲，而我已經年近四十了。另外，不再年輕的我，天馬行空的創意也多少受到限制。在以產品為中心的大公司服務了那麼長的一段時間，我殘餘的少許設計技巧早已埋在潛意識深處。然而，最讓我驚訝的，還不是我跟同學之間的年齡差距，而是班上竟然有這麼多才華出眾又有創意的設計者。不用說，在這麼一個聚焦於設計的碩士班裡，我有點膽怯，但我知道，我拿得出手的也同樣具有價值，那就是：我的經驗。

之後，在歷經了幾次靈光閃現、豁然領悟的時刻，我逐漸拆掉心中的圍牆，開始能夠以一種全新的方式，重建自己對待工作與人生的態度。事實上，在上了一個月的課以後，我的思考方式就大幅改變，已經能看出自己職涯中那些大公司的挑戰與機會，而當時公司大部分的人卻都視而不見，除了設計者。

典範的轉移

所以，這是怎麼發生的呢？透過設計的眼光，為什麼就能看到其他人看不見的東西呢？一如上述，DMBA的課程設計，核心理念就是：所有事物都是可以（也應該）被設計出來的。當然，我們都知道產品、網站及／或服務都是經過設計的結果，但創新、生意或甚至是未來，也可以利用同樣的工具、技能及技術去設計出來。設計流程提供一個基本的框架，讓你在建立產品之前，先聚焦於顧客需求、原型製作及驗證假設。當你開始看到這類思考方式在真實世界真的發揮作用，例如亞馬遜、出租民宿網站Airbnb、優步（Uber）、寶鹼（Procter & Gamble）等範例，還有很多其他組織內部也產生了開創性、典範轉移（刻意設計過的）的商業模式，你就不可能無視，也不可能不從中學習。對我來說，這樣的領悟來自開課第二個月、一堂名為「創新工作室」的課，授課老師是麗莎・凱・索羅門。

新工具、新技巧，以及一套新的思維方式，取代了我原先的企業知識，同時我也了解到，我的人生經驗或職業經驗會增加我即時應用設計思考的能力。回到歐特克後，我戴上了新的設計眼鏡，與團隊重新對焦在以人為中心的創新活動上。我和設計同事一起利用簡單的原型和大量的提問，不斷測試我們的假設。我也把自己以往的演示經驗砍掉重練，設計出一套新的視覺化語言，用來促進策略性的對話（少掉很多語焉不詳的廢話）。隨著每一天的學習，我的工具腰帶上就增加了一個新工具。

本著「以顧客為中心」的思考原則，我們團隊在由我負責的產品上發展出種種創新，同時也做到了所謂的典範轉移，也就是思想、價值、信念及方法的轉變。事實上，其中有一些技術創新甚至還申請了專利——這是以顧客為中心的設計方法，所產生的附加好處之一。■

我看到~~死人的思維方式~~

2015年，我離開歐特克，幫商業模式公司（Business Models Inc.）在舊金山成立一個辦公室。過去一年來，我跟各種領域的客戶合作，從汽車大廠、非營利組織到大型資訊公司，也看到了他們有多麼需要協助。

由於我自己的整個設計思維已經有了徹底的轉變，我的工作通常會協助其他人轉換思維方式與流程。他們從原先專注於兩個產品階段（創意發想與執行），改成以產品為中心、顧客優先的思維方式。我們一起找出顧客需求，共同發想創意、驗證假設，並且持續不斷地執行。

要信任設計工具、信任設計流程。當然，不是每個方案都能成功，但只要能具備正確的設計思考、掌握正確焦點（顧客需求），日後你就會知道要如何反覆進行這個過程。我會給客戶的第一個祕訣是：今天就開始設計。開始為顧客設計，開始為商業模式和價值主張設計，以及開始為未來的策略設計。

開始，就對了！

介紹 投資就緒級數

無論你是投資人、孵化器營運者、新創企業的創業家，或是大公司的經理人，你都會希望能掌握一些衡量標準，以便在設計流程的早期階段，辨認出哪些方案、產品或新公司能行得通，而哪些行不通。

光靠直覺是不夠的

有很長一段時間，投資人和企業經理要判斷一個專案或新創企業是否值得押寶，都只能仰賴直覺。這需要強健的心理素質。最常見的做法、也是他們唯一能使用的指標都是關於定性方面的，比方產品演示、投影片簡報，以及專案團隊。當然，有的人天生直覺就比別人好。這種情形就像創業教父史蒂夫・布蘭克（Steve Blank）所說的：「以前找不到客觀的方法，協助我們做判斷。」

投資就緒級數

今天，大部分的專案、產品或公司都是建立在大量的數據之上。那麼，我們是否可以用這些數據來判斷一個專案、產品或公司的進展及成功機率呢？事實上，的確可以。

由布蘭克所開發的投資就緒級數（IRL, Investment Readiness Level）讓每個人都可以用一種簡單直接的方式，去比較不同公司之間或投資組合中各種專案、產品及公司。

《魔球》的啟示

在這整本書中，我們一直在解釋要設計更好的企業，重點在於組成正確的團隊，學會正確的技巧與心態，並在對的時間、使用對的工具和流程。表面上看來，這些性質似乎都是無形的，只能投資下去等著最後看成敗，怎麼有辦法事先衡量呢？

有趣的是，在2002年以前，美國棒壇的總經理們也是這樣認為的。就像得獎電影《魔球》（*Moneyball*，根據麥可・路易士〔Michael Lewis〕2003年同名著作改編）所描述的，奧克蘭運動家隊（Oakland A's）的總經理比利・比恩（Billy Beane），利用球員表現的分析指標來組隊，連續好幾場擊敗了口袋比他們深很多的競爭對手。

利用打擊率與上壘率的統計分析，比恩證明了數據能提供一個更好的方法去成功進擊，而不是大部分球隊所尋找（或花錢買）的特質，比方速度和揮棒。於是，運動家隊可以用低價從公開市場簽下球員，省下幾千萬美元——這在當時是前所未聞的。聽起來是不是很熟悉？喔對了，而且運動家隊還從墊底球隊谷底翻身，在2002年和2003年都打進季後賽。

輪到你上場

要從規模化的設計獲致成果，你需要由對的人、技巧、工具、思維方式、流程所構成的組合。透過投資就緒級數，以各個指標來衡量你的專案、產品或公司的狀況，就會擁有像玩魔球一樣的能力。■

更多背景資料請參閱史蒂夫．布蘭克的著作《創新創業教戰手冊》（*The Startup Owner's Manual*）

該是玩**魔球**的時候了！

許多投資決策的形成，都是根據倉卒的判斷，例如「很厲害的簡報」，或是「那個產品演示讓我們很驚豔」，或是「很棒的團隊」——這些都是上個世紀的老古董了，當時因為缺乏真實數據來評估新創企業，也缺乏同類公司或投資組合中的比較性資訊。如今，那樣的時代已經終結了。

現在我們有了工具、技術和數據，帶著孵化器和加速器一起走到下一個階段。新創企業可以拿出證據，讓投資人看看他們有一個可重複且能規模化的商業模式，以證明自己的能力；而投資人則可以用「投資就緒級數」這項工具，做為衡量標準。

現在，該是投資人下場玩魔球的時候了。

史蒂夫．布蘭克（Steve Blank）
連續創業家、作家、講師

工具 投資就緒級數

原創設計者：Steve Blank

無論你是團隊領導人、經理或投資人，有了「投資就緒級數」這個衡量依據，就可以量化一個產品、專案或公司的進展，以此輔助你的投資決策。

焦點
界定級別

約15分鐘
開會時間

團隊
全員參加

有關投資就緒級數的更多背景資料，請參考steveblank.com和布蘭克的部落格文章。

把你的點子分類

你的專案、產品或公司是在生命週期的哪個階段？跟本書所有的工具一樣，投資就緒級數是專門為了讓人們可以進行豐富、策略性的對話而設計的。它使用的是一套共同的衡量標準，同時這也是所有對話的基礎，而且都跟專案、產品或公司的商業模式有關。

我的下一步是什麼？

投資就緒級數是一種指示性的工具。不論你的專案、產品或公司位於設計流程的哪個發展階段，下一個里程碑都是明確無誤的。

很多專案領導人、產品經理及創業家只關心推出下一個產品，或是做一次很棒的簡報或產品演示。然而，在他們運用設計流程時，應該要專注的是如何把學習極大化。

他們做過多少顧客訪談、往復式流程、轉向、重新開始、實驗以及最低可行性產品（MVP, minimum viable product）？這如何影響他們的決策？支持他們繼續下一步的證據是什麼？

無論他們是使用投資就緒級數向投資人報告專案的新進度，或是演示產品、做簡報，重點應該要放在他們如何蒐集證據，以及這個投資就緒級數如何影響他們對基本商業模式的理解。

你要知道的是……

- 投資就緒級數提供一套衡量標準及診斷工具，用以評估「我們現在做得如何」。
- 投資就緒級數也創造出一種共同語言與指標，讓投資人、企業創新小組及創業家能彼此分享溝通。
- 投資就緒級數相當有彈性，可以針對特定產業的商業模式而修改。
- 對於掌握企業創新、加速器及孵化器的人而言，投資就緒級數是更大一套工具中的一個組件。

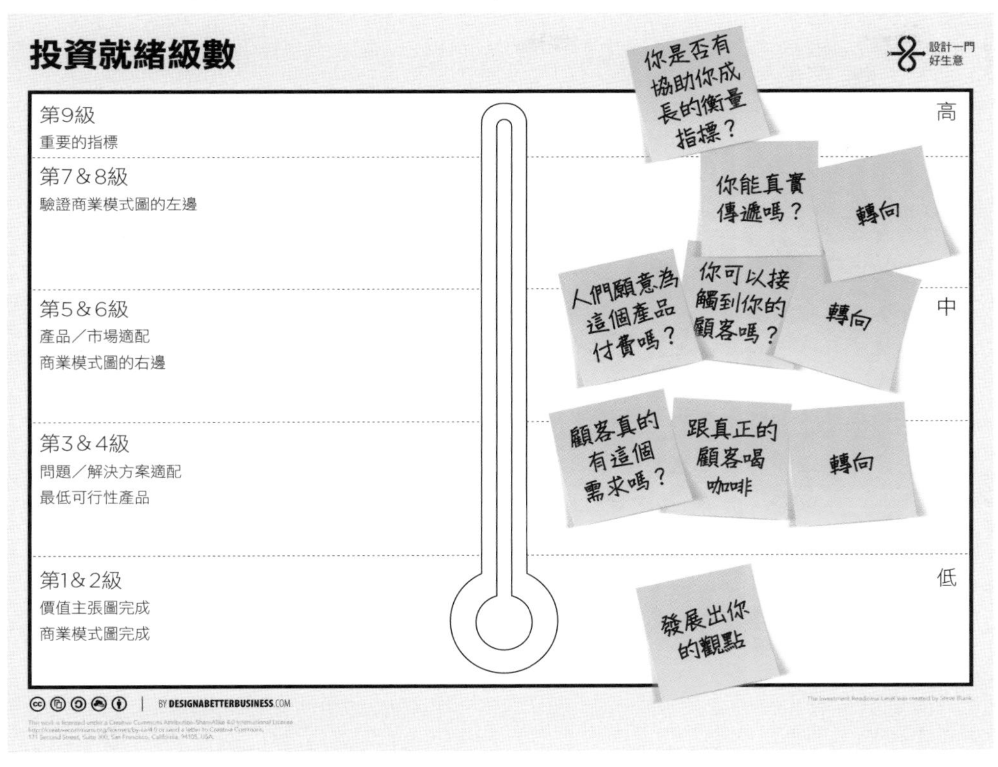

下載
投資就緒級數可從以下網址下載：
www.designabetterbusiness.com

第1＆2級
把你想開展或改變的東西定義清楚，填寫好商業模式圖，釐清你的假設。

第3＆4級
走出公司大樓去了解你的顧客。引用他們的話來描述種種發現和洞見。

第5＆6級
找出你的產品與市場適配，了解顧客流量、通路，以及如何吸引並留住客戶。

第7＆8級
了解你商業模式圖的左邊。你要如何掌握資源和成本等各個要素？

第9級
擴展你的生意，重點要放在你為重要指標所做的改變。

提示！
你的學習之旅是什麼？讓公司與產業的投資就緒級數明確具體。請注意數字：待測試的假設有多少個，以及訪談次數有多少次。

檢查表

- ☐ 你已經辨識出你的投資就緒級數。
- ☐ 你已經持續來回修改了你的投資就緒級數。

下一步

- 想想你必須做些什麼，才能晉級到下一級。
- 找到一個投資人。

範例 **投資就緒級數**

你有個點子……

當你從零開始，唯一有的只是一個點子，此時，你可以使用投資就緒級數來記錄你的進展。或者，如果你已經有了一家站穩腳步的新創企業，也可以利用這個表來釐清下一步要做什麼。準備好上路了嗎？這段旅程會有點顛簸喔！

第1＆2級：釐清你的假設

從你的觀點開始。首先，填好你的商業模式圖和價值主張圖。定義你的願景和你的設計準則。所有這些都會充滿假設，然後使用最高風險假設圖（見第200頁），來找出哪個是最高風險假設。讓你的假設清晰明確。

第3＆4級：找出問題／解決方案適配

跟潛在顧客談談，確認問題是否真的存在。設法真正了解他們的需求。

製作一個最低可行性產品的原型來進行驗證。原型不用做得太精細，只要具備足夠的特徵就好。藉此蒐集各種發現（顧客的洞見有時會讓你大吃一驚）。

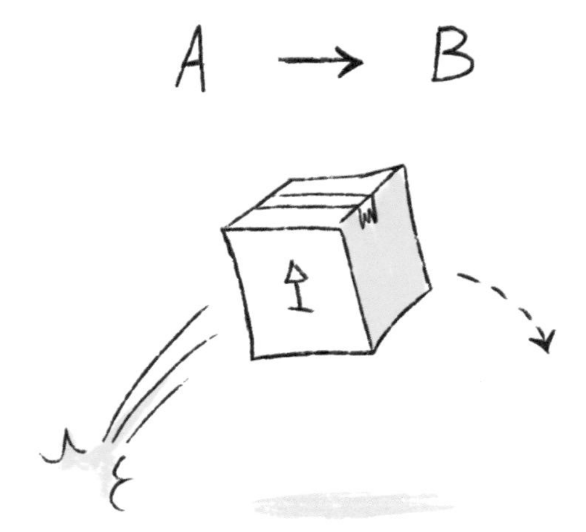

第5＆6級：驗證商業模式圖右邊

驗證你的商業模式圖右邊，製作一個最低可行性產品來驗證產品／市場適配。進行實驗去驗證你的價值主張、目標客層、通路、顧客關係，然後接著測試你的下一個最高風險假設。

第7＆8級：驗證商業模式圖左邊

最後，就到了一個關鍵時刻：發展出與最終產品相當接近的高精確度可行性產品。現在我們要驗證商業模式圖的左邊：你能實際了解、運作並傳遞你所承諾的價值嗎？

你要驗證的是關鍵資源、關鍵活動及成本，同時進行「合作夥伴盡職調查」，以確保你是跟對的夥伴一起合作。

第9級：重要的指標

找出你這家新創企業和產業若要成功（或是否投資已準備就緒），需要哪些緊密相關的衡量指標。正確的指標可以指出你是否走在對的軌道上，你要的不是那些會帶給你虛假安全感的「虛榮指標」（vanity metrics）。請正確找出能讓你企業成長、協助你規模化的那些最息息相關的指標！■

現在你已經……

- 界定了你的**投資就緒級數** P244
- 清楚了解你的**下一步** P246

接下來的步驟

- **回到迴圈中** P46
  為下一級的投資就緒級數繼續努力
- **分享你的旅程**
  上網告訴我們你的旅程

重點歸納

不信任會扼殺**創新。**

加速器是**規模化的新獵場。**

未來的領導人是設計者。

開始，就對了！

大企業看到的是風險，**新創企業卻看到了機會。**

對執行的人來說，**創新流程似乎是模糊不清的。**

要玩，
就玩大一點……

新未來。
新公司。
新人類。

世界變化得如此之快，等到新的大學生畢業，他們學到的很多事情都已經沒那麼重要了，而且很多知識也早已過時了。這意味著知識和經驗不再是主要的資產，更有價值的是擁有學習的能力，以及能夠運用所學去適應未來獨特新狀況的能力。

//雅各布．摩根《工作的未來》（Jacob Morgan, *The Future of Work*）

誰能想像得到，在這個溝通、協調、聯繫、追蹤資訊都靠數位媒體的時代，只要手上有便利貼和麥克筆，加上設計者的技巧和思維，就能讓我們掌握不確定性，為明天設計出更好的生意？

現在各家公司拚了命地想跟上周遭的變化，這樣的商業環境是前所未有的，而且變化的速度只會越來越快。當許多大公司繼續執行他們過去固有的商業模式時，新創公司和其他設計導向的企業則勇於挑戰現狀。在此同時，新興產業紛紛崛起，而其他產業則在崩壞中。

超越學位

過去幾個世紀以來，學有專長的學位和敏銳的商業頭腦，一直都是大型組織培養及開創新市場的基礎。然而，當人們可以持續不斷地地從網路獲取公開且立即的知識，加上網路還串連了全球論壇，正式的資格證書如今已經越來越不重要了。甚至，「透過教育取得商業知識」的想法，也受到了很多挑戰。在這個時代，任何人只要看看YouTube的影片，就能學會設計、開發、行銷及販賣商品，誰還會緊抓著正式的學位和正統的出身不放。事實上，整個風潮已經在轉向了：現在，擁有實際設計技巧及經驗的人才，往往比那些只懂得商業理論的人更搶手。

更甚者，由於整個世界只會越來越緊密連結，人們將會以全新的方式解決問題及滿足人類的種種渴望。同時，他們也會透過協同合作與設計，達到這樣的目標。想做出改變，不再是靠單一的天才，或個人的知識和經驗，而是要仰賴群體的智慧。畢竟，當今世界的重點不再是工作得更賣力，而是要工作得更聰明。

像個設計者一樣思考與工作

更聰明更新的工作方式，就是設計者的工作方式。欣然擁抱設計觀念的公司將會學到，成長不是來自對抗改變，也不是來自持續降低成本增加利潤，而是來自一種「授人以漁」的賦能觀念：採取一種以人為中心、聚焦於顧客的觀點。這麼一來，只要一支小團隊就能達到更大的成就。

這些公司將會從不確定性中挖掘出巨大的商機。擁有各種人才的設計者團隊，將能創造出改善人們生活的新產品和新服務，最終也會改善整個世界。創造出這些改變的人（設計者）將會更重視人際互動，而非成天坐在辦公室。他們會更講求速度、往復式流程（即了解、創意發想、建立原型、驗證以及規模化），而不是單一的線性策略。

一切
從你開始

一切從你開始

要改變你的公司，還有你的產品、服務及思維方式，都要從你開始做起。真正的改變需要你扮演反叛分子，踏出你的舒適圈。你可以從小處著手，也可以從大局開始，但無論怎麼做，你一定要體現你想在組織裡看到的改變。唯有這樣，改變才能真正發生。■

利用你新的工具、技巧及思維方式，繼續搜尋、學習及公告你的觀點。你做了哪些改變，過程如何？請把你的故事跟我們分享：

www.designabetterbusiness.com

製作這本書的100天

關在阿姆斯特丹的「地牢」裡三個月，這本書的製作本身就是一段旅程。我們想跟你分享我們所經歷的這段混亂過程：循著我們自己的雙迴圈前進，一路以來不斷的砍掉重練。回首望去，我們清楚看到雙迴圈也出現在我們自己的設計之旅中——的確是該如此啊！

第1天

2016年
1月1日：第1天
（共100天……）

為了畫出我們的願景，我們進行了一次小型的團隊會議，討論五大步驟願景圖。（第58頁）

設計準則

M 必須有	S 應該有	C 可以有	W 絕對不要
發人省思	連結到現有理論	有附加的線上內容	成為完美解答
用實例引導	可以當成教科書		跟別人比較
人類／個人經驗	打動早期採用者		空談理論
實用	成為追求更多資訊的起點		
打動大批觀眾			

設計優先

這是一本談設計的書，因此我們希望最終成品也是以設計為主軸。我們採用了一個非正統的方式，一開始先從設計做起。本書的每個跨頁一開始都是空白頁，由團隊所有成員用便利貼來決定內容和種種的視覺創意。

我們以視覺化的方式工作，而且把所有跨頁都貼在辦公室的一面大牆上，讓所有團隊成員可以看到整本書的順序，把寫了評論和點子的便利貼直接貼上去。接著，我們就以這些跨頁草圖為根據，用Indesign排出原型設計稿。然後，我們才開始寫內文，盡可能把字數控制在每頁的留白空間內。接下來，我們會從這些原型稿件中挑選，除了我們自己的意見之外，也會對外邀請其他人給我們意見回饋。

視覺暢飲！

「這不是另一個完美解答！」

手牽手一起做設計、寫內容

構思各章
牆上貼著許多便利貼

版面設計初稿
（設定字體、顏色配置、情緒板）

完成48%
校訂會議

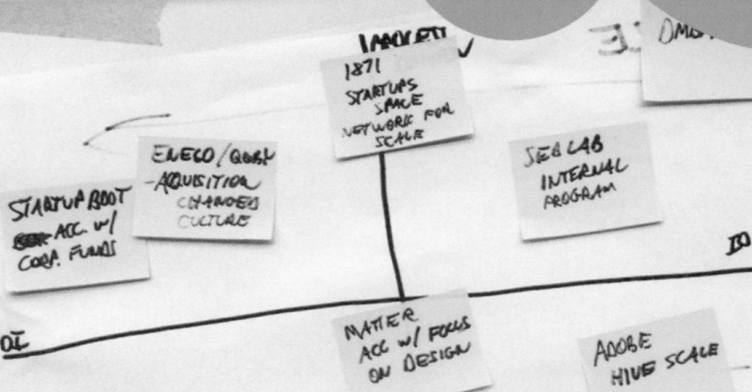

In design thinking wrong is right

HOW TO DESIGN BETTER BUSINESS
"THIS MASTERFUL BOOK WILL PUT YOU BACK IN THE GAME. A MUST HAVE FOR EVERY ENTREPRENEUR"
ALLAN SMITHEE
HOW TO DESIG
BETTER BUSINE
What's in the Journey?
UNDERSTAND
DESIGN
第一印象
我們製作了三十多款不同的
封面設計原型，貼在書店照片裡，
跟其他書做比較。結果黃色的
書封最醒目。此外，我們也做了
假書放在實體書店裡，
看看人們的反應！
救命！
島嶼結構
太花稍了。
START
GOAL
我們已試探過這片海岸
這招永遠行不通
非我所創岬
自滿
舒適區板塊
親愛寶貝
象牙塔
近暗礁
腦力激盪山脈
樹林中
得意的
單一
樂觀黃帽
瘋狂組合
隨機擲骰
開放
偏心
零重力
選項群島
退而求其次
創意牆
情緒潮
創意發想
突破暗礁
群島
一開始為了解釋設計之旅，我們想用群島來做隱喻。大家似乎都很喜歡，所以我們就開始設計細節。
不過，等我們用島嶼架構做出一本假書之後，幾個校訂者覺得太花稍了，而且用這個隱喻說故事，感覺上也太複雜了。
決策工具
第29天
校訂會議：
導航書必須大修。
Who should read this book?
ARE YOU...
SYNTHESIZE
you skip?

除掉所愛

我們想做出一本容易航行、結構清晰的書，我們花了很多精力要把這一點做正確，或者我們是這麼想的。校訂者三度跟我們反映，他們在書中完全失去了方向。於是，我們三度重新調整全書架構，改變航路。每一回我們都學到更多，同時也改善了產品。為了做到這一點，我們不得不割捨掉很多好內容。

再見，
群島

哈囉，
雙迴圈

除掉群島
:(

除掉所愛

重回正軌

從頭再來：
雙迴圈

第30天
處理不確定性

第33天
回到進度0%
使用雙迴圈，
重新開始設計。

第45天
完成15%
再一次完成「了解」
那一章。

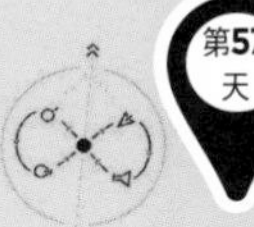

第57天
完成25%
完成「準備」
那一章。

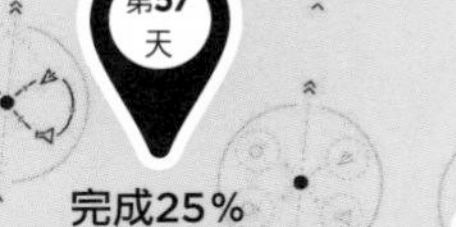

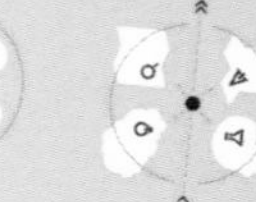

原來我們
都是非典型
讀者
以GOOGLE
HANGOUT
進行群組視訊通話，
及時觀察校訂者
的反應。
所有著作權
同意書
都簽好了嗎？
需要
更多本書！
頁碼
UNDERSTAND
UNDERSTAND YOUR CUS
UNDERSTAND YOUR CONTEXT
UNDERSTAND YOUR BUSINESS
BE THE BARISTA!
TOCS CHECK
END CHAPTER CHECK
PAGE NRS
REFERENCES / BOOKS
BIOS & FACES
ACKNOWLD.
COVER
WRAP UP PAGE / END CH.
COMMERCIAL PAGE
FAST PASS
STILL NOT DONE
PICTURES
POP UP STO
第67天
完成43%
完成「觀點」
那一章。
第70天
完成72%
完成所有
（計畫中的）插圖。
第77天
完成82%
完成「驗證」、「前言」
及「原型」三章。
第82天
印出6本假書
準備進行下一次的
校訂會議。

規模化

最後階段大部分都是細節和苦工，主要就是關於檢查表、一致性、內文定稿和視覺效果，讓一切細節都能盡善盡美。

這不是線性過程

設計任何東西，包括一本書，都不是線性過程。不光是指其中不斷來回更正的往復式流程、轉向、找出正確方向，也涉及了規畫和進展。

這本書的進展是指數式的：第一章花了整整一個月；第二章速度倍增，只花了一半時間，而且在最後衝刺階段，我們只花一星期就重新調整了全書架構。一開始，我們在決定及探索上面花了很多時間。到最後，整個藍圖完全一清二楚。然後我們就可以開始規畫設計流程，準時完成！

最後一次檢查字體與版型的效果。

檢查完成！

NEW TOOLS, SKILLS, AND MINDSET FOR STRATEGY AND INNOVATION

DESIGN A BETTER BUSINESS

INCLUDING PERSONAL INSIGHTS AND EXPERIENCES OF 30 DESIGNERS AND THOUGHT LEADERS

Written by Patrick van der Pijl, Justin Lokitz, and Lisa Kay Solomon
Designed by Erik van der Pluijm & Maarten van Lieshout

完成94%
完成「創意發想」那一章。

完成96%
完成「規模化」那一章。

完成98%
合併／刪除多餘的頁數。

完成98.5%
完成參考書目。

完成99.9%
完成最後一章。

正式出版！

附　錄

索引

- 章名
- 個案研究或範例
- 工具
- 技巧

2畫

3～4畫

5畫

6畫

7畫

8～9畫

10～11畫

12畫

13畫

14畫

15畫

16～19畫

20畫以上

設計工具的視覺化索引

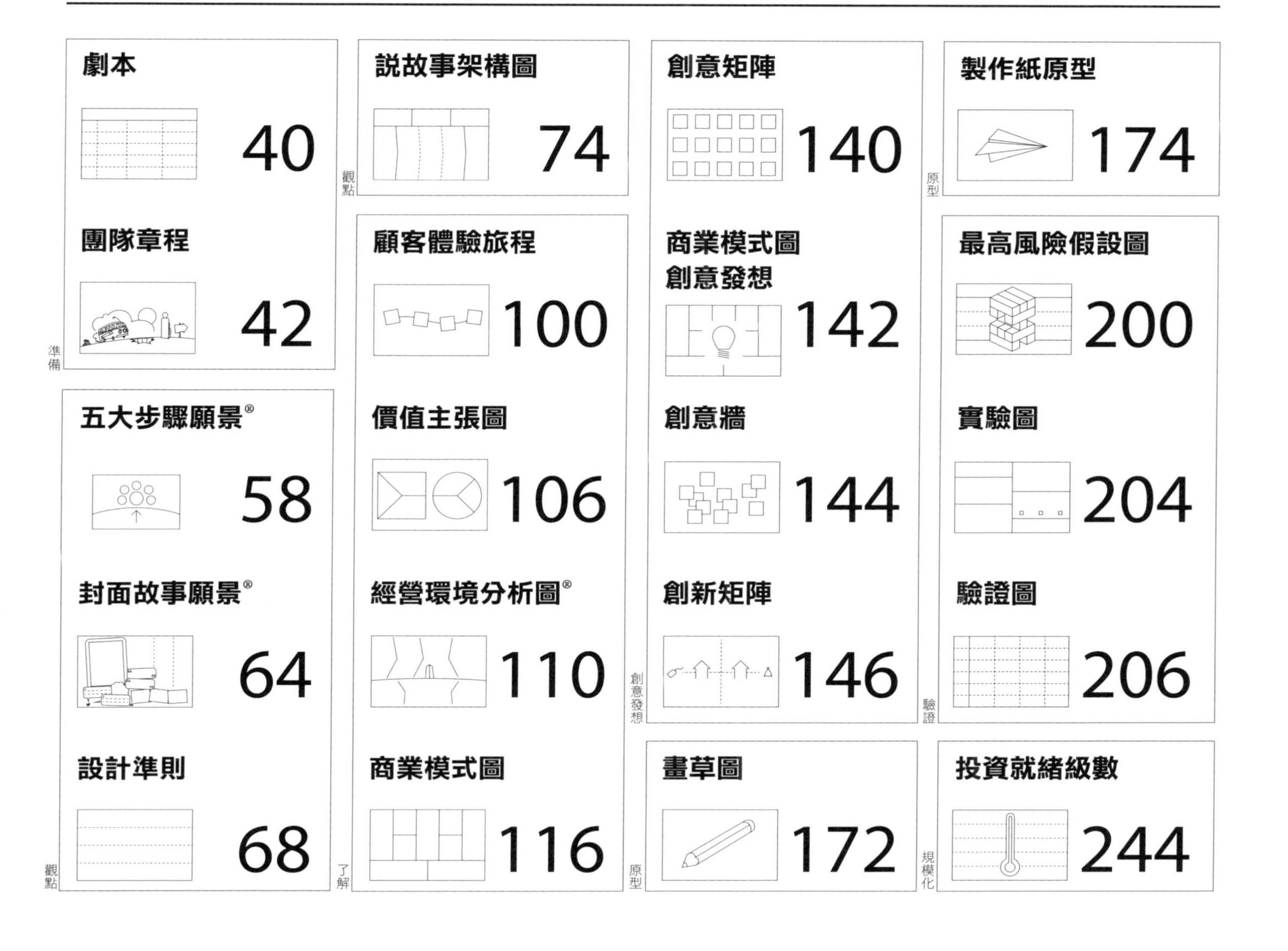

劇本 40
團隊章程 42
準備
五大步驟願景® 58
封面故事願景® 64
設計準則 68
觀點
說故事架構圖 74
觀點
顧客體驗旅程 100
價值主張圖 106
經營環境分析圖® 110
商業模式圖 116
了解
創意矩陣 140
商業模式圖
創意發想 142
創意牆 144
創新矩陣 146
創意發想
畫草圖 172
原型
製作紙原型 174
原型
最高風險假設圖 200
實驗圖 204
驗證圖 206
驗證
投資就緒級數 244
規模化

參考書目

《大哉問時代》A MORE BEAUTIFUL QUESTION
Warren Berger, 2012（繁體中文版／大是文化）

《未來在等待的人才》A WHOLE NEW MIND
Daniel Pink, 2006（繁體中文版／大塊文化）

《獲利世代》BUSINESS MODEL GENERATION
Alex Osterwalder and Yves Pigneur, 2008（繁體中文版／早安財經）

《可設計的增長》DESIGNING FOR GROWTH
Jeanne Liedtka and Tim Ogilvie, 2011（簡體中文版／機械工業出版社）

《四步創業法》FOUR STEPS TO THE EPIPHANY
Steve Blank, 2013, Wiley（簡體中文版／華中科技大學出版社）

《革新遊戲》GAMESTORMING
Dave Gray, Sunni Brown and James Macanufo, 2010（繁體中文版／碁峰資訊）

《一擊奏效的社群行銷術》JAB, JAB, JAB, RIGHT HOOK
Gary Vaynerchuk, 2013（繁體中文版／商周出版）

《精實執行：精實創業指南》RUNNING LEAN
Ash Maurya,. 2012（繁體中文版／歐萊禮出版社）

《想到就能做到》MAKING IDEAS HAPPEN
Scott Belsky, 2012（繁體中文版／大塊文化）

《影響力時刻》MOMENTS OF IMPACT
Lisa Kay Solomon and Chris Ertel, 2014（繁體中文版／寶鼎出版）

《視覺溝通的法則》RESONATE
Nancy Duarte, 2010（繁體中文版／大寫出版）

《創意型領袖》RISE OF THE DEO
Maria Guidice and Christopher Ireland, 2014（簡體中文版／人民郵電出版社）

SCALING UP
Verne Harnish, 2014.

《餐巾紙的背後》THE BACK OF THE NAPKIN
Dan Roam, 2013（繁體中文版／遠流）

《什麼才是最難的事？》THE HARD THING ABOUT HARD THINGS
Ben Horowitz, 2014（繁體中文版／天下文化）

《千面英雄》THE HERO WITH 1000 FACES
Joseph Campbell, 1949（繁體中文版／立緒出版）

《創新的兩難》THE INNOVATOR'S DILEMMA
Clayton Christensen, 2011（繁體中文版／商周出版）

《精實創業》THE LEAN STARTUP
Eric Ries, 2011（繁體中文版／行人出版）

THE MOM TEST
Rob Fitzpatrick, 2013

《掌控力》TRACTION
Gino Wickman, 2012（繁體中文版／機械工業出版社）

《價值主張年代》VALUE PROPOSITION DESIGN
Alex Osterwalder and Yves Pigneur, 2014（繁體中文版／天下雜誌）

《畫個圖講得更清楚》VISUAL MEETINGS
David Sibbet, 2010（繁體中文版／時報出版）

《引爆創新》UNCERTAINTY
Jonathan Fields, 2012.（簡體中文版／電子工業出版社）

《從0到1》ZERO TO ONE
Peter Thiel and Blake Masters, 2014（繁體中文版／天下雜誌）

關鍵協力

Joeri Lefévre（繪圖）
Marije Sluis（行銷與業務）
Moniek Tiel Groenestege（法務與製作）
Roland Wijnen（測試與工具內容）

案例研究

Aart J. Roos
Ad van Berlo
Adam Dole
Alex Osterwalder
Andreas Søgaard
Ash Maurya
Dan Roam
David Sibbet
Dorothy Hill
Emmanuel Buttin
Emanuele Francioni
Farid Tabarki
Frits van Merode
George Borst
Kevin Finn
Maaike Doyer
Marc Wesselink
Markus Auerbach
Mattias Edström
Mohammed Bilal
Muki Hansteen-Izora
Nancy Duarte
Nathan Shedroff
Patrick de Zeeuw
Paul Wyatt
Peter De Keyzer
Rens de Jong
Richard van Delden
Rob Fitzpatrick
Ruud Hendriks
Scott Cross
Steve Blank
Sue Pollock

協力

Baran Korkut
Ben Hamley
Diane Shen沈美君
Doug Morwood
Duncan Ross
Eefie Jonker
Eline Reeser
Leslie Wainwright
Maaike Doyer
Marc McLaughlin
Martine de Ridder
Matthew Kelly
Michael Eales
Steve Lin林志垚
Suhit Anantula
Tarek Fahmy
Vickey Seeley

校訂

Alexander Davidge
Andra Larin
Ann Rich
Arno Nienhuis
Bart de Lege
Bernard-Franck Guidoni-Tarissi
Bernardo Calderon
Boukje Vastbinder
Coen Tijhof
Colin Johnson
Daniel Schallmo
David Sibbet
Debbie Brackeen
Emmanuel Dejonckheere
Erik Prins
Ernst Houdkamp
Evan Atherton
Franzi Sessler
Freek Talsma
Geerard Beets
Gijs Mensing
Guy van Wijmeersch
Henk Nagelhoud
JP van Seventer
Jan & Renske van der Pluijm
Jappie Wietsema
Jim Louisse
Johan Star
Julian Thomas
Kevin Finn
Mandy Chooi
Marjan Visser
Matthieu Valk
Maurice Conti
Muki Hansteen-Izora
Nathan Shedroff
Lucien Wiegers
Patricia Olshan
Paul Reijnierse
Paul van der Werff
Petra Willems
Petra Wullings
Quint Zieltjens
Remo Knops
Rene Vendrig
Richard van Delden
Rik Bakker
Robert de Bruijn
Sander Nieuwenhuizen
Tako in't Veld
Vincent Kloeth
Willem Mastenbroek
Yannick Kpodar

譯者 **尤傳莉**

生於台中，東吳大學經濟系畢業。著有《台灣當代美術大系：政治・權力》，譯有《你在看誰的部落格》、《天堂裡用不到錢》、《達文西密碼》、《過得還不錯的一年》、《獲利世代》、《待在家裡也不錯》等小說與非小說多種。

作者

派翠克・范德皮爾
PATRICK VAN DER PIJL

商業模式公司執行長，暢銷書《獲利世代》（*Business Model Generation*）監製。致力於協助創業家、領導人、有理想的反叛分子及大型企業，進行商業模式創新並設計未來策略。

@patrickpijl　in ppijl

賈斯汀・羅奇茲
JUSTIN LOKITZ

經驗豐富的策略設計師，商業模式公司舊金山分公司董事總經理。擁有跨產業的豐富經驗，協助一般公司設計創新、永續性的商業模式及未來策略。

@jmlokitz　in jmlokitz

麗莎・凱・索羅門
LISA KAY SOLOMON

充滿熱忱的設計策略師與教育工作者，任教於加州藝術學院的DMBA（設計策略企管研究所）與奇點大學（Singularity University），首創虛擬實境的領導力體驗，是暢銷書《影響力時刻》（*Moments of Impact*）的共同作者。

@lisakaysolomon　in lisakaysolomon

馬丁・范李斯豪特
MAARTEN VAN LIESHOUT

Thirty-X合夥人。曾運用初期階段的視覺化思考，協助一家荷蘭創意工廠將創意轉化為視覺與具體的體驗。他總是能貢獻新的觀看角度，而且也總能激勵其他人加入行動。

@maartenvl　in mvlieshout

艾瑞克・范德普雷真
ERIK VAN DER PLUIJM

Thirty-X創辦人與創意總監。喜歡將複雜的事物簡單化，找出其中隱藏的結構。擅長運用他在藝術與設計、人工智慧、電腦遊戲、新創企業的豐富經驗，將設計、編碼及策略做完美的結合。

@eeevdp　in erikvdpluijm

喬納斯・路易斯
JONAS LOUISSE

一位本質上的視覺化思考者。在取得神經心理學碩士學位後，成為創業家與設計師。喜歡利用設計及心理學技巧，將複雜事物剖析得很清楚，幫助其他人理解。

@jonaslouisse　in jonaslouisse

早安財經講堂75

設計一門好生意

自己動手，Step-by-step畫出未來新商機

DESIGN A BETTER BUSINESS

New Tools, Skills and Mindset for Strategy and Innovation

作　　者　Patrick van der Pijl, Justin Lokitz & Lisa Kay Solomon
設　　計　Erik van der Pluijm & Maarten van Lieshout
譯　　者　尤傳莉
美術設計　簡至成
特約編輯　莊雪珠
責任編輯　沈博思、劉詢
行銷企畫　楊佩珍、游荏涵

發 行 人　沈雲驄
發行人特助　戴志靜、黃靜怡
出版發行　早安財經文化有限公司
台北市郵政30-178號信箱
早安財經網站：www.goodmorningnet.com
早安財經粉絲專頁：http://www.facebook.com/gmpress
郵撥帳號：19708033　戶名：早安財經文化有限公司
讀者服務專線：02-2368-6840 服務時間：週一至週五10:00-18:00
24小時傳真服務：02-2368-7115
讀者服務信箱：service@morningnet.com.tw

總 經 銷　大和書報圖書股份有限公司
電話：02-8990-2588
製版印刷　中原造像股份有限公司
初版1刷　2017年8月

定　　價　880元（特價699元）
ISBN　978-986-6613-90-6（平裝）

國家圖書館出版品預行編目(CIP)資料

設計一門好生意 ： 自己動手,Step-by-step畫出未來新商機 / Patrick van der Pijl, Justin Lokitz, Lisa Kay Solomon 執筆；尤傳莉譯. -- 初版. -- 臺北市：早安財經文化, 2017.08
面；　公分. -- (早安財經講堂；75)
譯自 : Design a better business
ISBN 978-986-6613-90-6(平裝)
1.企業管理 2.設計管理
494.1　　　106011382

DESIGN A BETTER BUSINESS
Copyright © 2016 by John Wiley & Sons, Inc.
Published by arrangement with John Wiley & Sons, Inc., Hoboken, New Jersey
Complex Chinese translation copyright © 2017 by Good Morning Press
All Rights Reserved. This translation published under license.

版權所有・翻印必究
缺頁或破損請寄回更換